硝酸盐与机体稳态

主　编　王松灵

副主编　周　建　秦力铮

编者（以姓氏笔画为序）

马琳莎　首都医科大学附属北京友谊医院

王　雪　首都医科大学附属北京口腔医院

王玉记　首都医科大学药学院

王伽伯　首都医科大学中医药学院

王松灵　南方科技大学医学院
　　　　首都医科大学附属北京口腔医院

王海波　首都医科大学基础医学院

冯元勇　青岛大学附属医院

冯晓宇　首都医科大学附属北京口腔医院

宁美芝　中国康复研究中心（北京博爱医院）

司元纯　首都医科大学附属北京口腔医院

曲兴民　首都医科大学附属北京口腔医院

李晓钰　首都医科大学附属北京口腔医院

李韶容　首都医科大学附属北京口腔医院

杨　子　首都医科大学附属北京口腔医院

周　建　首都医科大学附属北京口腔医院

周含章　北京大学口腔医学院

胡　亮　首都医科大学附属北京口腔医院

胡　磊　首都医科大学附属北京口腔医院

秦力铮　首都医科大学附属北京口腔医院

顾建雨　首都医科大学附属北京口腔医院

徐一帆　首都医科大学附属北京口腔医院

徐亿普　首都医科大学附属北京口腔医院

常智超　首都医科大学附属北京口腔医院

靳路远　首都医科大学附属北京口腔医院

潘　雯　首都医科大学附属北京口腔医院

潘雨花蕾　同济大学附属东方医院

主编助理　潘　雯　李晓钰

人民卫生出版社

·北京·

图书在版编目（CIP）数据

硝酸盐与机体稳态 / 王松灵主编. -- 北京 ：人民
卫生出版社，2024．7. -- ISBN 978-7-117-36636-6

Ⅰ. O613.61；R32

中国国家版本馆 CIP 数据核字第 2024X7C205 号

人卫智网	www.ipmph.com	医学教育、学术、考试、健康， 购书智慧智能综合服务平台
人卫官网	www.pmph.com	人卫官方资讯发布平台

硝酸盐与机体稳态
Xiaosuanyan yu Jiti Wentai

主　　编：王松灵
出版发行：人民卫生出版社（中继线 010-59780011）
地　　址：北京市朝阳区潘家园南里 19 号
邮　　编：100021
E - mail：pmph @ pmph.com
购书热线：010-59787592　010-59787584　010-65264830
印　　刷：人卫印务（北京）有限公司
经　　销：新华书店
开　　本：787×1092　1/16　印张：10
字　　数：182 千字
版　　次：2024 年 7 月第 1 版
印　　次：2024 年 9 月第 1 次印刷
标准书号：ISBN 978-7-117-36636-6
定　　价：98.00 元
打击盗版举报电话：010-59787491　E-mail：WQ @ pmph.com
质量问题联系电话：010-59787234　E-mail：zhiliang @ pmph.com
数字融合服务电话：4001118166　E-mail：zengzhi @ pmph.com

在人类历史长河中有不少被误解的事和物，硝酸盐便是其中之一。人们对癌往往是谈虎色变，硝酸盐、亚硝酸盐在较长时间里被认为有致癌作用，中国百姓已经形成硝酸盐、亚硝酸盐危害人体健康的固有观念，这种观念深深影响了百姓的健康观、生活观，甚至波及社会经济。

其实，从古至今，人类饮食、生活、医药及工业等方方面面均离不开硝酸盐。硝酸盐被广泛应用于食品添加剂，用作农作物的肥料，用作助燃剂来炼钢，用作铝合金的热处理剂及炸药原料等。关于硝酸盐的医药应用，可追溯到 2000 多年前应用硝石（硝酸钾 KNO_3）治疗痈疡、口疮等，在敦煌壁画中亦有展示。作为硝酸盐类药物的硝酸甘油，一开始被"炸药之父"诺贝尔先生用作一切火炮、枪械生产的基础材料，但后来发现炸药硝酸甘油还有扩张血管等作用，从炸药到良药，诺贝尔先生有着巨大功劳，直到现在医药界仍然应用舌下含服硝酸甘油来缓解心绞痛。

历史来到 20 世纪，人们在较长时间里都认为食物中的硝酸盐有害，主要原因是推断其在体内可被还原为亚硝酸盐，亚硝酸盐与亚硝胺的形成与癌症发生密切相关。因此，人们对食物和饮用水中的硝酸盐含量进行严格限定，世界卫生组织建议限制每日硝酸盐摄入量。随着科学研究的进展，越来越多的研究表明硝酸盐、亚硝酸盐对健康有益，并且稳定安全，这与对人体有害的亚硝胺是完全不同的。世界卫生组织于 2017 年，基于大量临床观察研究及基础研究结果，表示没有实质性证据证明硝酸盐、亚硝酸盐的致癌性。

本课题组对硝酸盐的关注始于 20 世纪 80 年代，笔者在北京医科大学（现北京大学医学部）攻读博士期间，从文献获知同一个体唾液硝酸盐的浓度非常高，是血液硝酸盐浓度的 5 ～ 10 倍，而当时大多学者认为硝酸盐、亚硝酸盐是有害的。笔者当时就对文献的报道很疑惑，难道唾液中这么高浓度的硝酸盐要危害自身吗？带着这个疑惑到首都医科大学附属北京口腔医院，在自己开始独立带研究生时，笔者终于有了条件对这个领域展开漫长的探索。首先，我们思考唾液高浓度硝酸盐是生理性的还是病理性的？如果正常人唾液都这么高浓度，就是生理性的，人类的进化一定不会自己危害自己，朴素的逻辑推理认为可能是人们对硝酸盐的认知出了偏差。于是笔者让研究生着手招募健康志愿者，测定同一个体腮腺液、混合唾液及血液中硝酸盐的浓度，并在健康的小型猪上验证唾液中高浓度的硝酸盐是生理性的。随后，我们提出一系列科学问题并逐步开展系统性研究，如四组唾液腺中哪组腺体主导分泌硝酸盐到唾液，唾液腺细胞上有无硝酸盐转运通道，唾液高浓度硝酸盐有什么作用，硝酸盐在体内是如何代谢的，硝酸盐对全身有什么作用，硝酸盐到底安不安全等。课题组经过共同努力对这些科学问题进行了较系统的研究和探讨，我们发现硝酸盐通过硝酸盐-亚硝酸盐-一氧化氮（NO）及细胞膜硝酸盐转运通道（sialin）介导的细胞生物学功能对维持机体稳态和保护机体功能发挥着非常重要的作用。最后，基于我们的系列研究提出"稳态医学"这一全新的概念，并致力于开发名为"耐瑞特"的硝酸盐类药物，直至今日，20多年前我们课题组提出的科学问题，终于有了一个较为圆满的答案。

对科学研究的热爱，激发了我们对认识未知世界的笃定和渴望，然而也时常伴随挥之不去的、丝丝的无能为力和惆怅。在科学研究中，我们遇到了数不尽的挫折、困惑、无助甚至绝望，却总能用不屈不挠的精神征服它们。2022年，笔者刚刚做完题目为"从口腔走向全身的健康使者——硝酸盐"的学术报告，在场全程听完这个报告的现任人民卫生出版社总编辑杜贤老师，在会后诚挚邀请我们课题组写一本关于硝酸盐的专著。如此机缘巧合下，《硝酸盐与机体稳态》一书才能呈现到大家面前。这本专著记录了我们课题组探索硝酸盐这个专题所走过的岁月，诉说着一个个令人难忘的故事。本书内容和文字不一定十分精彩，但都是我们科学探索的真实写照和宝贵记忆！在这漫长而又艰辛的科学探索的旅途中，我们得到了很多老师、专家、朋友、科技管理部门及全家人的大力支持和帮助，包括笔者的博士生导师——北京大学口腔医学院邹兆菊教授，共同探索的北京大学肿瘤医院邓大君教授，美国国立卫生研究院刘细保研究员、Indu S. Ambudkar，瑞典卡罗林斯卡大学 Jon O. Lundberg 等专家，当然还有我们富有创新精神、团结奋进、战斗力强的课题组。在此一并表示最诚挚、最衷心的感谢！

生命之美，自然之美，科学之美，希望每一位捧起此书的老师和朋友与我们同享，一起来感受在那远在天边、近在眼前的科学殿堂中探索的真实和美好！

中国科学院院士
中国医学科学院学部委员
南方科技大学医学院院长
首都医科大学健康医疗大数据国家研究院院长
口腔健康北京实验室主任
2024 年 7 月

目录

01

第一章

谈"硝"色变

　　硝酸盐是自然界中广泛存在的一种无机盐。人类的食品及饮水中均含有硝酸盐，在绿色蔬菜如甜菜、菠菜、芹菜等的含量较高。食品中过量的亚硝酸盐、亚硝胺是引发人体中毒、致癌乃至死亡的原因之一，而硝酸盐是否会影响机体健康存在争议。近年来随着科学研究的发展，硝酸盐对机体的有益作用逐渐明确，具有很高的药用价值。硝酸盐究竟是何种物质？在历史长河中，人们对硝酸盐的认识、认知过程是如何转变的？硝酸盐有何应用前景？本章将一一展开叙述。

第一节 硝酸盐的前世今生

从古至今，人类饮食、生活、医药及工业方方面面均离不开硝酸盐。其被用作食品添加剂，作为腌制盐、发色剂，并可起到调味的作用；亦可用作农作物的肥料，特别适用于蕨根作物，如甜菜、萝卜等；也可用作助燃剂，炼钢、铝合金的热处理剂，生产炸药等。关于硝酸盐的医药应用，从可查考的文字记载来看，在我国的历史已有 2 000 多年。

一、什么是硝酸盐？

（一）硝酸盐的定义

硝酸盐是离子化合物，一般为金属离子或铵根离子与硝酸根离子组成的盐类的统称。常见的有硝酸钠、硝酸钾、硝酸铵、硝酸钙、硝酸铅、硝酸铈等，几乎全部易溶于水，只有硝酸脲微溶于水，碱式硝酸铋难溶于水。

（二）硝酸盐在自然界中的循环

在自然界，氮元素以分子态（氮气）、无机结合氮和有机结合氮三种形式存在。氮在自然界中的循环转化过程是生物圈内基本的物质循环之一。空气中含有大约 78% 的氮气，大气中的氮经微生物等作用进入土壤，为动植物所利用，最终又在微生物的参与下返回大气中，如此反复循环。硝酸盐大量存在于自然界中，主要由固氮菌固氮形成，或由空气中的氮气与氧气在高温天气闪电的作用下直接生成氮氧化物，溶于雨水形成硝酸，再与地面的矿物质反应生成硝酸盐（图 1-1-1）。

硝酸盐是陆生植物从土壤中获得的主要氮源，是维持植物生长不可或缺的物质。植物通过质子 / 硝酸盐耦合机制从土壤中吸收硝酸盐，并运输到叶片中进行储存和 / 或进一步同化，用于合成叶绿素促进光合作用，也可以用来合成氨基酸进一步合成各种蛋白质。

动物则直接或间接从食物链中进食植物合成的有机氮（蛋白质）或无机氮（硝酸盐），经分解后被自身机体利用。在动物的代谢过程中，一部分蛋白质被分解为氨、尿酸和尿素等排出体外，进入土壤。动植物残体中的有机氮则被微生物转化为无机氮（铵态氮和硝态氮），从而完成生态系统的氮循环。因此，硝酸盐广泛存在于人类饮用水与膳食中，尤其在绿叶蔬菜中含量最高。

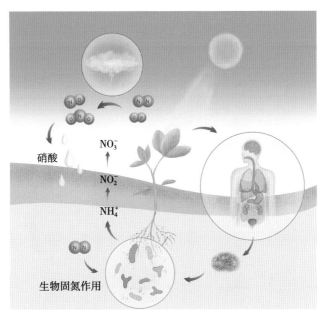

图 1-1-1 自然界氮循环示意图

二、古代中医硝酸盐硝石的应用

硝石（图 1-1-2）的主要成分为硝酸钾（KNO_3），古称消石、火硝、焰硝、消金石等[1]。从可查考的文字记载来看，硝石在我国的医疗应用历史已有 2 000 多年[2]。

"消石"一词最早见于长沙马王堆汉墓出土的《五十二病方》[3]，史学界一般认为该书成书于战国时期或更早[4]，书中记载"稍（消）石直（置）温汤中，以洒痏"（图 1-1-3），意为把硝（消）石以温水溶后，外用治疗痏疡。由此可见，我国先贤早在战国时期（公元前 476 年—公元前 221 年）已经外用硝石治疗外科疾病，这可能是世界上已知最早的硝石医疗应用的记载。

图 1-1-2 硝石

《史记·扁鹊仓公列传》记载西汉名医淳于意（公元前 215 年—公元前 140 年）[5] 为淄川王美人治疗"脉燥"（推测病因可能是血热），"躁者有余病，即饮以消石一齐（剂），出血，血如豆比五六枚"[6]，这可能是目前已知最早的硝石内服疗疾的医案。

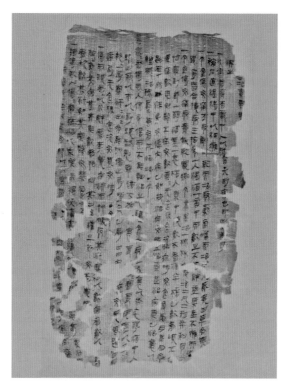

图 1-1-3 《五十二病方》，湖南博物院藏品

由于古人对物质认识水平的局限性，存在硝石（KNO₃）与朴硝、芒硝（Na₂SO₄）互为指代的现象[7]，但成书于东汉以前的本草学专著《神农本草经》已意识到三者实属不同物质。书中记载硝（消）石"主五藏积热，胃张闭，涤去蓄结饮食，推陈致新，除邪气"，朴硝（消）"主百病，除寒热邪气，逐六府积聚，结固，留癖，能化七十二种石"，可见在当时，硝石和朴硝均可内服，疾病治疗范围也更广泛。此外，《神农本草经》中将硝石和朴硝均列为"上品"（图 1-1-4）。根据书中对"上品"药物的描述"主养命以应天，无毒；多服、久服不伤人"，表明古人认为内服硝石是较为安全的，这可能是世界上对硝石内服安全性认识最早的记载[2]。

和《神农本草经》差不多同时期成书的传世和出土文献中也有硝石用于医疗实践的记载，如东汉《金匮要略》以大黄硝石汤治疗黄疸，以硝石矾石散治疗女劳黑疸[8]，东汉以前成书的《武威汉简》以硝石内服和外用治疗外科疾病[9]，晋唐时期成书的敦煌卷子《张仲景五脏论》以硝石治疗痈肿[10]。

值得一提的是，在古代道家修炼的丹经中，还有很多关于硝石直接服食或炼制丹药服食的记载。可能成书于西汉时期的《列仙传》记载神仙"赤斧"将硝石作为服食丹药的伴侣，"能作水澒，炼丹，与硝石服之"[11]。《三十六水法》共记载 46 种炼丹"水法"59 方，其中 32 方利用了硝石，如"雄黄水"制法为"取雄黄一斤，纳生竹筒中，硝石四两，漆固口如上，纳华池中，三十日成水"[7]。炼丹家在炼丹实践中最先认识到硝石可助燃的化学特性，故使用硝石炼制丹药时多使用"水法"或"伏火法"[12]。南北朝时期梁代炼丹家、医药学家陶弘景则发现了世界上最早的焰色试硝石法，"强烧之，紫青烟起，仍成灰"[13]。正是炼丹家对硝石化学特性的正确认识催生了火药的发明，也将硝石和朴硝、芒硝等其他矿物药区分开来。

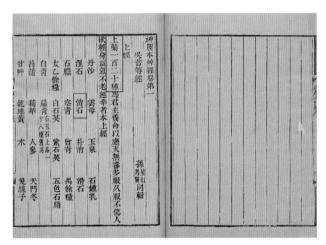

图 1-1-4 《神农本草经》第 1 卷，孙星衍、孙冯翼辑，中国国家图书馆藏品

在炼丹家的认识基础上，宋代的医药学家基本清晰认识了硝石药物名实。所以，宋代以来，硝石在医疗中的应用愈加广泛，逐渐拓展应用于内科、外科、妇科、五官科等多科疾病的治疗。有关记载不一而足，此处就不再赘述，感兴趣的读者可以阅读《古代医籍中硝石功效考证》一文[14]。

基于古代对硝石的医疗应用，其功效可大致归纳为七类：止痛、解毒消肿、去腐生肌、软坚散结、开窍辟秽、利湿退黄、温里活血，可用于内科、外科、妇科、五官科等多科疾病的治疗（表 1-1-1）。

表 1-1-1　我国古代文献记载硝石功效和用法的基本情况

功效	主治病症	用法
止痛	头痛、牙痛、身体其他部位疼痛	多以散粉涂于患处或鼻内、眼角等黏膜部位，或水煎口服
解毒消肿	喉痹、口疮、眼病	多以散粉涂于患处或鼻内、眼角等黏膜部位
去腐生肌	痈疡	多以汤剂、散粉或丹药等剂型局部使用
软坚散结	瘰疬、癥瘕	多以丸药口服或病灶局部使用

续表

功效	主治病症	用法
开窍辟秽	伏暑伤冷、神昏窍闭	多以丸散口服或以散粉涂于鼻内、眼角等黏膜部位
利湿退黄	黄疸、淋证	以汤剂或散剂口服
温里活血	阴寒实证、寒凝血瘀	以丸药或汤剂口服

在古代对硝石医疗应用的记载中，可以看到古人很早就将其用于治疗口腔疾病，如《日华子诸家本草》记载"消石……含之治喉闭"[15]。该书的成书年代有北齐、唐代开元、五代十国吴越和北宋开宝几个说法[16]，因此硝石用于口腔疾病至少可以追溯到北宋开宝年间（968—976 年）。另一本北宋的本草典籍《开宝本草》也记载了"生消（硝石）"主"口疮，喉痹咽塞，牙颔肿痛"[17]，表明在北宋开宝年间，硝石用于口疮、喉痹、牙痛等疾病的治疗已非常确切。此后，硝石在口腔疾病的应用不一而足，广泛用于咽喉疾病、牙痛、口疮、重舌和牙疳等口腔疾病的治疗，具体可参见《硝石治疗口腔疾病的古代应用——兼论硝酸盐在口腔医学的现代研究》一文[18]。

硝石治疗口腔疾病多以散粉形式应用于局部。以口疮治疗为例，硝石既可以单独应用，"硝石为末掺疮，日三五度"治疗小儿口疮[19]，又可以与竹沥、硼砂等清热消痰类药物配伍使用[20,21]，还可以和蒲黄、青黛、硼砂、甘草等组成成方如"碧雪"等局部应用[22]（表 1-1-2）。

表 1-1-2 不同历史时期典籍中硝石治疗口疮的用法

朝代	出处	方名	药味组成及用法	功效主治
宋	《太平圣惠方》	雄黄散方	雄黄、硝石、蚺蛇胆、黄连、石盐、苦参、朱砂、鸡屎矾、麝香	治小儿口疮烂痛、不问赤白，或生腮颔间，或生齿龈上。小儿久患口疮不瘥宜用此方[23]
	《严氏济生方》	碧雪	蒲黄、青黛、硼砂、焰硝、甘草（各等分）	治一切壅热、咽喉闭肿、不能咽物、口舌生疮、舌根紧强、言语不正、腮项肿痛[22]
	《圣济总录》	吹喉朴硝散方	朴硝、硝石、胆矾、白矾、芒硝（五味皆枯干）、寒水石（烧）、白僵蚕（直者炒）、甘草（炙锉）、青黛（研）（各等分）	治口疮及喉闭[24]（图 1-1-5）
明	《普济方》	无	竹沥同焰硝，点之	重舌、鹅口[20]
	《卫生易简方》	治小儿口疮又方	用硝石为末掺疮，日三五度	小儿口疮[19]
	《医学正传》	治口疮又方	用焰硝、硼砂含口勿开，外以南星为末醋调，贴足心涌泉穴上	口疮[21]

续表

朝代	出处	方名	药味组成及用法	功效主治
清	《急救广生集》	无	黄连、黄柏（各末，八分），雄黄、青黛、火硝（各二分），牛黄、冰片、硼砂、朱砂（各一分），共研极细末，每用少许，吹入口内即愈	鹅口口疮、重腭不能吮乳，及咽喉肿塞，一切热毒[25]

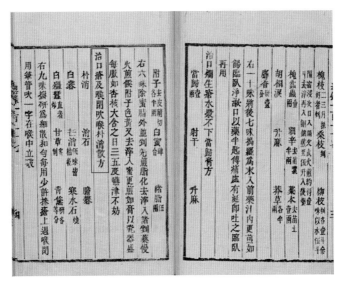

图 1-1-5　《大德重校圣济总录》第 117 卷，中国国家图书馆藏品

药性是中药作用的基本性质和特征的高度概括，以药性指导临床辨证使用中药是中医药的特色理论之一。基于多种原因，历代医家对硝石寒热药性的认识经历了从寒到温再到寒温并存的过程。目前仍不能统一认识，这种分歧在一定程度上影响了硝石的使用。

综上所述，硝石在中国古代治疗疾病的范围广泛，给药剂型和给药途径多样化，既可以汤、丸、散口服进行全身调节，也可以丸、散、丹局部应用治疗，体现出中医药治疗的特色和优势。硝石治疗疼痛、喉痹等疾病迅速起效的特点[5-7]又可作为"中医不是慢郎中"的典型代表。

三、硝酸甘油：从炸药到良药——诺贝尔先生的贡献

硝酸甘油的临床应用比硝石晚了约 2 000 年。这并不仅仅因为它直到 170 多年前才被合成出来，更是因为从它被报道之初，人们更关注的是它最强的爆炸性能。经过诺贝尔先生的不断优化，硝酸甘油的爆炸属性最终得以实现安全可控。诺贝尔先生成功地将硝酸甘油商品化，使更多人接触到了硝酸甘油，为硝酸甘油的临床应用提供了物质基础（图 1-1-6）。

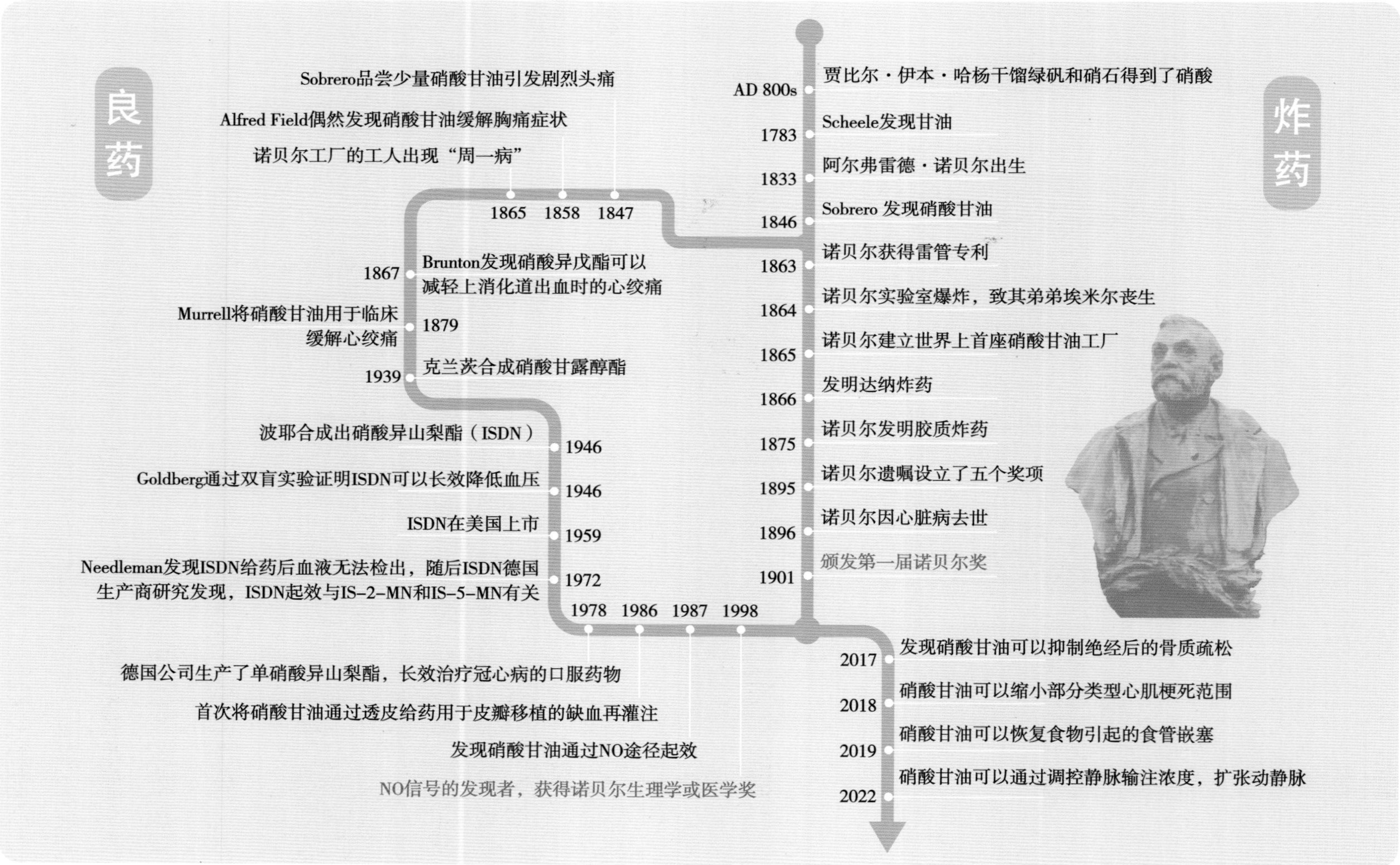

炸 药

民 药

贾比尔·伊本·哈扬干馏干绿矾和硝石得到了硝酸   AD 800s

Scheele发现甘油   1783

阿尔弗雷德·诺贝尔出生   1833

Sobrero 发现硝酸甘油   1846

Sobrero品尝少量硝酸甘油引发剧烈头痛   1847

Alfred Field偶然发现硝酸甘油缓解胸痛症状   1858

诺贝尔工厂的工人出现"周一病"   1865

1867   Murrell将硝酸甘油用于临床缓解心绞痛

诺贝尔获得雷管专利   1863

诺贝尔实验室爆炸，致其弟弟埃米尔丧生   1864

诺贝尔建立世界上首座硝酸甘油工厂   1865

1879   Brunton发现硝酸异戊酯可以减轻上消化道出血时的心绞痛

发明达纳炸药   1866

诺贝尔发明胶质炸药   1875

诺贝尔遗嘱设立了五个奖项   1895

诺贝尔因心脏病去世   1896

颁发第一届诺贝尔奖   1901

1939   克兰茨合成硝酸甘露醇酯

1946   波耶合成出硝酸异山梨酯（ISDN）

1946   Goldberg通过双盲实验证明ISDN可以长效降低血压

1959   ISDN在美国上市

1972   Needleman发现ISDN舌下给药后血液无法检出，随后ISDN德国生产商研究发现，ISDN起效与IS-2-MN和IS-5-MN有关

发现硝酸甘油可以抑制绝经后的骨质疏松   2017

硝酸甘油可以缩小部分类型心肌梗死范围   2018

硝酸甘油可以恢复食物引起的食管嵌塞   2019

硝酸甘油可以通过调整静脉输注浓度，扩张动静脉   2022

1978   德国公司生产了单硝酸异山梨酯，长效治疗冠心病的口服药物

1986   首次将硝酸甘油通过透皮给药用于皮瓣移植的缺血再灌注

1987   发现硝酸甘油通过NO途径起效

1998   NO信号的发现者，获得诺贝尔生理学或医学奖

图 1-1-6   硝酸甘油从炸药到良药的编年史

（一）硝酸甘油的物理化学性质

硝酸甘油（nitroglycerin）是甘油的三硝酸酯，化学式为$C_3H_5N_3O_9$，又名硝化甘油或三硝酸甘油酯，分子量为227.08（图1-1-7）。其是无色至浅黄色油状液体，微溶于水，受暴冷暴热、撞击、摩擦、遇明火或高热时，均有引起爆炸的危险。硝酸甘油在医学上用作血管扩张药，治疗心绞痛。临床应用途径主要有舌下含服、雾化吸入、静脉滴注、口服和透皮给药。

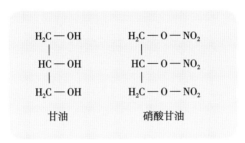

图 1-1-7　甘油及硝酸甘油的分子式（后者的 3 个 NO_2 取代甘油中 3 个 H[26]）

（二）硝酸甘油的发现

公元 8 世纪，阿拉伯炼金术士哈杨（Hayyan）在干馏绿矾（七水合硫酸亚铁）和硝石（硝酸钾）时发现了硝酸。

1783 年，药剂师卡尔·威尔海姆·舍勒（Carl Wilhelm Scheele，1742—1786）在用氧化铅皂化橄榄油的过程中发现了"油甜"（甘油）[26]。

1846 年，意大利化学家阿斯卡尼奥·索布雷洛（Ascanio Sobrero，1812—1888）将甘油加入硝酸和硫酸的混酸中，得到一种黄色的甘油硝化物，即硝酸甘油[26]。该反应高度放热，冷却不及时极易发生爆炸[27]。1847 年，他在都灵大学进行演讲，并展示了硝酸甘油的爆炸特性，同时描述了这种化合物的味道——甜、刺鼻和芳香。他特别指出，极少量的硝酸甘油滴在舌头上会产生几小时的剧烈头痛。因进行硝酸甘油试验时发生爆炸，索布雷洛脸上留下了严重的伤疤。他后来在信中写道，当我想到所有在硝酸甘油爆炸中丧生的受害者时，我几乎羞于承认自己是它的发现者[27,29]。

（三）诺贝尔家族的炸药历史

1833 年，阿尔弗雷德·诺贝尔（以下简称诺贝尔）出生于瑞典首都斯德哥尔摩，其父亲伊曼纽尔·诺贝尔是发明家，专门从事地雷和水雷的发明和生产，诺贝尔从小就能接触到各种炸药[28]。成年以后，诺贝尔有幸接触硝酸甘油，立刻意识到它巨大的商业潜力。在那个时代，炸药主要是黑火药，威力有限。受到克里米亚战争的影响，伊曼纽尔·诺贝尔工厂最终破产 [30,31]。为了重振家族产业，诺贝尔父子致力于寻求更大威力的炸药。

（四）诺贝尔商品化硝酸甘油

1862 年，伊曼纽尔·诺贝尔尝试将黑火药和硝酸甘油混合，但始终未达到稳定的爆炸效果。诺贝尔首先尝试用导火索引爆硝酸甘油，但发现只能引燃硝酸甘油，无法引爆它。随后，他在硝酸甘油中混合易爆炸的黑火药再次尝试。但所得到的混合物爆炸不稳定，且混合物数小时后再试验就只能燃烧，无法爆炸。接着，诺贝尔尝试用导火索先引爆黑火药，再利用爆炸的压力引爆硝酸甘油，这次取得了稳定的试验结果。诺贝尔延续这种用小炸药引爆大炸药的思路，用体积更小且起爆能力更强的雷酸汞取代了易受潮的黑火药，进一步提高了引爆硝酸甘油爆炸的稳定性。在炸山开路的试验中，诺贝尔发现硝酸甘油可能会沿着岩石缝泄漏流失，导致有时无法有效引爆。因此，他将吸附能力极强的硅藻土和硝酸甘油混合得到了广为流传的达纳炸药。硝酸甘油被吸附于硅藻土中，大大提高了运输的稳定性，极大提高了达纳炸药的实用性。在工业大量生产达纳炸药后，诺贝尔逐渐不满足达纳炸药的爆炸威力，并渴望改进它的易受潮不稳定的问题。诺贝尔多次研发尝试，找到了具有吸附能力且具有极佳爆炸性能的硝化纤维。诺贝尔将硝酸甘油混合硝化纤维的炸药命名为胶质炸药。胶质炸药由于不含有硅藻土，不会由于受潮导致硝酸甘油的析出。硝化纤维是疏水的物质，使得胶质炸药可在水下引爆，进一步拓宽了炸药用途。从最开始在岩石钻孔直接倒入硝酸甘油，到后续用纸板箱包裹着混合硝酸甘油混合的黑火药、硅藻土或硝化纤维，逐步提高稳定和爆炸能力（图 1-1-8）。该混合物需要现配才会爆炸，放置几小时后，硝酸甘油完全被吸收至火药的空隙内会导致无法引爆。诺贝尔突破传统的思路，先引爆内层的黑火药，借用火药爆炸的能量再引爆外层的硝酸甘油。

多次实验验证了这种思路的可行性。诺贝尔后来用效果更好的雷酸汞替换黑火药，产生气体能力越强，爆炸威力越强（图 1-1-9）。诺贝尔于 1863 年获得雷管装置的专利 [28]。硝酸甘油的巨大威力为诺贝尔带来大量订单。然而，研发过程并不顺利。1864 年 9 月 3 日，实验室发生爆炸，导致其弟弟埃米尔·诺贝尔及多人丧生。爆炸导致实验室彻底被破坏，并且当地政府禁止诺贝尔在市区试验。诺贝尔被迫将实验室转移到梅拉伦湖的一艘驳船上。由于在船上无法稳定安全地试验，1865 年，他再搬迁到梅拉伦湖附近的无人地带，并建设了世界上第一座硝酸甘油制作工厂。为了满足日益增长的订单，1865 年，诺贝尔先后在芬兰和德国汉堡开办了炸药工厂。1867—1874 年，硝酸甘油的年产量由 11t 增加到 3 210t[32]。随着产量的上升，人们逐渐疏忽了硝酸甘油的危险性，多地频发硝酸甘油爆炸事件，引起社会性恐慌，欧洲各国禁止了硝酸甘油的生产和运输。

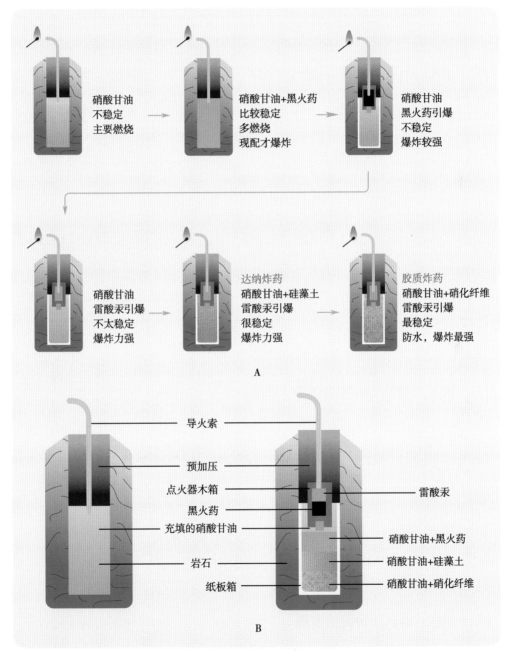

图 1-1-8 阿尔弗雷德·诺贝尔研发炸药的过程

A.阿尔弗雷德·诺贝尔尝试黑火药和硝酸甘油混合配方　B.早期研发的炸药、达纳炸药及胶质炸药的装药示意图

黑火药：$2KNO_3+S+3C=K_2S+N_2\uparrow+3CO_2\uparrow$

硝酸甘油：$4C_3H_5N_3O_9=6N_2\uparrow+12CO_2\uparrow+O_2\uparrow+10H_2O\uparrow$

硝化纤维：$2(C_6H_7O_{11}N_3)_n=3nN_2\uparrow+7nH_2O\uparrow+3nCO_2\uparrow+9nCO\uparrow$

雷酸汞：$Hg(CNO)_2=Hg+2CO\uparrow+N_2\uparrow$

图 1-1-9   阿尔弗雷德·诺贝尔研发过程中使用的炸药成分的化学方程式

（五）诺贝尔稳定了硝酸甘油

诺贝尔通过大量的实验发现木屑可以提高硝酸甘油的稳定性，并最终找到了硅藻土。硅藻土是古代硅藻的遗骸，质地轻盈，吸附能力极强。通过调配不同的比例，确定硅藻土比硝酸甘油为 1：3 时最佳。1866 年，诺贝尔发明了这种稳定的炸药，并取名为达纳炸药，根据希腊文" dynamis"（力量）这个词而得名。随后，诺贝尔在欧洲多国申请了专利，并投入生产。达纳炸药从高处坠落和受锤击时均不会爆炸，很快受到了各国的青睐。诺贝尔进一步扩大生产，将工厂建设在瑞典、挪威和芬兰。因为诺贝尔获得了商业上的巨大成功，1868 年，诺贝尔父子获得莱特斯德特金质奖章。达纳炸药极大地推动了矿业、交通运输业的发展。在普法战争中，应用了达纳炸药的普鲁士获得了胜利[33]。欧洲多国全面发展铁路工程和矿山开采，促进了诺贝尔炸药工厂极速发展。达纳炸药也反过来促进了许多国家工业的飞速发展。

（六）诺贝尔增强硝酸甘油的爆炸性能

诺贝尔尝试提高达纳炸药的爆炸性能。达纳炸药中的硅藻土能够吸附大量的硝酸甘油，但硅藻土本身不能燃烧和爆炸，降低了硝酸甘油的爆炸威力。他思考：如果把硅藻土换成某种有爆炸性能的物质，那爆炸威力应该会更大。通过大量实验，最终找到了硝化纤维，并找到了最佳的混合比例，即 92％硝酸甘油与 8％硝化纤维混合，最终得到了类似浆糊状的硝酸甘油。它具有硝酸甘油的爆炸威力，同时保留了达纳炸药危险性相对小的特点，被命名为胶质炸药。胶质炸药不怕砸也不怕摔，可以在水下使用，点火也不会燃烧，远途运输和使用都十分安全[34,35]。

（七）硝酸甘油药用价值的发现

1844 年，巴黎大学的安东尼·巴拉尔（Antoine Balard）报告亚硝酸异戊酯的蒸气使他严重头痛。1847 年，索布雷洛（Sobrero）在舌尖上品尝极其少量的硝酸甘油引发持续数小时的剧烈头痛，这使得他不敢再轻易尝试这个"暴脾气"药物。1858 年，英国医生菲尔德（Field）偶然发现一个 67 岁女患者的胸痛症状因硝酸甘油而有所缓解，但由于硝酸甘油会引起剧烈头痛，很少有人愿意尝试。1865 年，诺贝尔工厂建立不久，在工厂的工人中一直有一个奇怪的现象，每到周一上班时，就会产生明显的头痛，随后逐渐缓解，被称为"周一病"。工人如果穿工作服回家，周一上班时却并不产生头痛现象。患有心绞痛的工人在上班时心绞痛的发作频率和疼痛程度均减轻[36]。进一步研究发现，工厂中的工人通过皮肤等途径吸收了硝酸甘油，导致血管舒张而产生了反应。

当时的医疗水平不高，出现了比较有争议的顺势疗法。该疗法始创于德国，其宗旨是为了治疗某种疾病，需要使用一种能够在健康人中产生相同症状的药剂。大概意思是能导致健康人头疼的药物，也可以治疗头疼的患者。为此，不断有人尝试各种方法，设法挖掘出硝酸甘油的治疗潜力。1867 年，英国兰德·布莱顿（Lander Brunton）在《柳叶刀》杂志上首次报道了硝酸异戊酯对上消化道出血时的心绞痛发作有治疗作用[37]。直到 1878 年，威廉·默雷尔（William Murrell）尝试用稀释后的硝酸甘油治疗心绞痛和降低血压。1879 年，默雷尔在《柳叶刀》发表了一篇论文，阐述了应用硝酸甘油治疗心绞痛的方法。由此开始，硝酸甘油广泛用于缓解心绞痛。这是硝酸酯的首次临床应用[38]。

硝酸甘油比硝酸异戊酯具有更长效的治疗作用，且使用方便、疗效稳定，这加速了它的市场推广与应用。1939 年，克兰茨（Krantz）合成了硝酸甘露醇酯，具有较硝酸甘油更长效的血管扩张作用。1946 年，瑞典的波耶（Porje）合成了硝酸异山梨酯（ISDN）。他发现 ISDN 毒性较大，但可通过减小口服剂量（一次 40mg，一日 3 次），起到全天候控制心绞痛的作用。同年，瑞典的高柏（Goldberg）等通过首个双盲实验发现，硝酸异山梨酯（又名消心痛）可较长时间地降低血压。1959 年，ISDN 在美国上市。1972 年，美国人菲利普·尼德尔曼（Philipp Needleman）发现 ISDN 被口服后，其母体成分消失。他认为该物质在肝脏内代谢后失去作用，这引起了广泛的关注。临床研究表明，ISDN 的临床效果显著。为了解释 ISDN 母体消失的矛盾问题，ISDN 的生产商开展了一系列研究。研究发现，ISDN 起效主要与其代谢产物 2-单硝酸异山梨酯（IS-2-MN）和 5-单硝酸异山梨酯（IS-5-MN）有关。更进一步的研究开发出 5-单硝酸异山梨酯，它更适用于长期治疗冠心病，口服后没有肝脏的首过消除效应，利用率高达 100%，远高于 ISDN 30% 及硝酸甘油 8% 的利用率。1986 年，硝酸甘油通过透皮给药首次被用于皮瓣移植的缺血再灌注。1987 年，有研究发现硝酸酯类药物均是通过一氧化氮（NO）起作用的。20 世纪 70 年代，有研究发现硝酸甘油在血管中代谢成 NO，然后与环磷酸鸟苷（cGMP）一起导致血管扩张。这最终澄清了"硝酸盐"使用了 100 多年的效果是通过 NO 发挥的独特的生物学效应，几乎所有生物中都存在 NO 的气体信号分子[39-41]。

目前认为，NO 缓解心绞痛主要通过以下两种方式（图 1-1-10）。

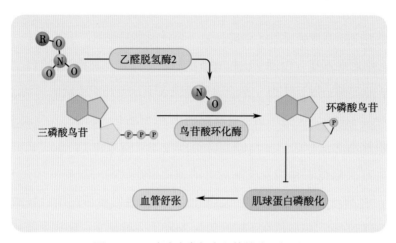

图 1-1-10　硝酸酯类舒张血管的分子机制

1. 作用于平滑肌细胞，通过环磷酸鸟苷使肌球蛋白磷酸化减少，引起血管舒张。硝酸酯类药物的血管舒张作用具有剂量依赖性，即小剂量扩张容量血管，中剂量扩张冠脉血管，大剂量扩张小动脉。

2. 作用于血小板。纤维蛋白原与糖蛋白Ⅱb/Ⅲa 受体是血小板聚集的先决条件，而 NO 引起血小板中环磷酸鸟苷增加会抑制上述结合过程。因此，这也被认为是 NO 增加冠脉灌注的机制之一。

2005 年，奥地利研究人员发现，硝酸甘油的作用是通过线粒体的乙醛脱氢酶 2（ALDH2）实现的。缺乏乙醛脱氢酶的人在饮酒后会有脸红表现，其舌下含服硝酸甘油的效果可能较差。

硝酸甘油的临床应用主要通过舌下含服、气雾剂、静脉剂、口服常释剂、口服缓释剂和透皮给药的方式。时至今日，硝酸甘油的药用价值依然不断地被挖掘。作为一氧化氮供体的硝酸甘油，2017 年被发现可以抑制绝经后的骨质疏松且没有并发的不利影响，这可以提供一个替代雌激素治疗的方法[42]。对于心内科，2018 年研究发现，短效的硝酸甘油间歇性治疗可以促进冠状动脉侧支循环形成，从而缩小实验性心肌梗死的范围[43]。对于食物导致的食管嵌塞，2019 年报道称，口服硝酸甘油能够很快恢复食管通畅[44]。

2022 年报道，急诊科采用静脉滴注的方式使用硝酸甘油，此时它作为一种有效的血管扩张剂，在较低剂量下能引起静脉扩张，在较高剂量下能引起动脉扩张[45]。硝酸甘油是治疗急性心绞痛最常用的药物，主要通过舌下含服片剂或喷雾剂给药[46]。硝酸甘油也存在明显的不足，它存在耐药性的问题，长期暴露会导致其治疗心绞痛和抗缺血作用明显减弱或完全消失[47]。

诺贝尔晚年被心脏病困扰，医生给他的处方就是硝酸甘油。1896 年，他在去世前的信中提道："这难道不是命运的极大讽刺吗？医生给我开的处方居然是服用硝酸甘油！为了不让化学家和大众感到害怕，他们叫它屈尼特林（Trini-trin）[26]"。

诺贝尔一生拥有 355 项专利发明，其中 129 项与炸药有关，使他积累了 920 万美元的财富[28]。他在立遗嘱时规定，这笔钱的大部分作为本金，每年提供 20 万美元的利息，用于资助全球在物理、化学、生理学或医学、文学及和平领域做出突出贡献的人。1901 年颁发了第一个诺贝尔奖。

在诺贝尔先生去世 102 年后的 1998 年，因为发现了 NO 作为心血管系统的信号分子，罗伯特·F·佛契哥特（Robert F. Furchgott）、路易斯·J·路伊格纳洛（Louis J. Ignarro）和弗里德·穆拉德（Ferid Murad）获得了诺贝尔生理学或医学奖[47,48]。3 位获奖者的发现揭示了硝酸甘油类药物如何通过 NO 对心血管系统产生作用，这在某种程度上是对诺贝尔先生的致敬，因为他通过硝酸甘油积累的财富推动了科学的发展。尽管硝基类炸药因其更强的爆炸力逐渐取代了硝酸甘油在炸药领域的应用，但是在医药领域，硝酸甘油仍然不断焕发新生。

四、硝酸盐的应用现状与前景

由于历史的诸多原因和各种争议，加之硝酸盐、硝石可用于制作火药而被列为管制物品，其临床应用日趋消亡，亟待通过研究后恢复使用。

经口腔摄入的硝酸盐在胃肠道吸收入血进入全身循环，血液中的硝酸盐约 25% 经唾液腺摄取转运至唾液，使唾液中硝酸盐的浓度约是血液中的 5～10 倍。王松灵院士课题组基于唾液硝酸盐明显高于血液硝酸盐这个生理现象，明确了腮腺是 4 组唾液腺中从血液转运硝酸盐至唾液中的主要器官，并基于腮腺这一模式器官发现人体细胞膜存在硝酸盐转运通道——Sialin，进一步研究发现硝酸盐通过一氧化氮及 Sialin 在细胞再生、细胞代谢、免疫调节和防治疾病中发挥着重要作用，具有很高的药用价值。

目前，硝酸盐作为一种天然膳食营养素已被添加至功能饮料中，用以调节人体功能。如何将硝酸盐应用于临床，进行人类慢病防治，是需要重点关注的问题。硝酸盐在人体内的半衰期短，生物利用度低，难以维持有效的血药浓度是阻碍硝酸盐临床应用的瓶颈。研发更稳定、维持药效时间更长、更易被机体吸收的新型硝酸盐复合制剂是需要突破的技术壁垒。对药物进行安全性评价是药物研发的必需组成部分。

随着硝酸盐新型制剂在多种器官组织方面研究的不断深入，有益作用的不断挖掘，硝酸盐作为从口腔走向全身的使者有望更好地造福人类。

参考文献

[1] 南京中医药大学. 中药大辞典. 2 版. 上海：上海科学技术出版社，2015.

[2] 吴普. 神农本草经. 长春：时代文艺出版社，2008.

[3] 马王堆汉墓帛书整理小组. 马王堆汉墓帛书. 北京：文物出版社，1985.

[4] 陈红梅.《五十二病方》成书年代讨论的焦点及启示. 成都中医药大学学报，2014，37（4）：110-112.

[5] 何爱华. 淳于意生平事迹辨证. 文献，1988（2）：102-113.

[6] 司马迁. 史记. 长沙：岳麓书社，2008.

[7] 赵匡华，赵宇彤. 中国古代试辨硝石与芒硝的历史. 自然科学史研究，1994，13（4）：336-349.

[8] 张仲景. 金匮要略. 福州：福建科学技术出版社，2011.

[9] 甘肃省博物馆，武威县文化馆. 武威汉代医简. 北京：文物出版社，1975.

[10] 上海古籍出版社，法国国家图书馆. 法藏敦煌西域文献. 上海：上海古籍出版社，1998.

[11] 刘向. 列仙传. 上海：上海古籍出版社，1990.

[12] 孟乃昌，吕跃成，李小红. 中国炼丹术伏硫黄、硝石、硇砂诸法的实验研究. 自然科学史研究，1984，3（2）：113-127.

[13] 陶弘景. 本草经集注. 北京：人民卫生出版社，1994.

[14] 迟莉，王伽伯，陈婷，等. 古代医籍中硝石功效考证. 中国现代中药，2022，24（12）：2483-2488.

[15] 常敏毅. 日华子本草辑注. 北京：中国医药科技出版社，2015.

[16] 尚志钧. 日华子和《日华子本草》. 江苏中医，1998，19（12）：3-5.

[17] 唐慎微. 政类本草：重修政和经史证类备急本草. 北京：华夏出版社，1993.

[18] 迟莉，周建，王伽伯，等. 硝石治疗口腔疾病的古代应用——兼论硝酸盐在口腔医学的现代研究. 辽宁中医杂志，2023，50（10）：52-58.

[19] 胡濙. 卫生易简方. 北京：人民卫生出版社，1984.

[20] 朱橚. 普济方：第9册. 北京：人民卫生出版社，1982.

[21] 虞抟. 医学正传. 北京：人民卫生出版社，1981.

[22] 严用和. 严氏济生方. 北京：中国医药科技出版社，2012.

[23] 王怀隐. 太平圣惠方. 北京：人民卫生出版社，1958.

[24] 赵佶. 圣济总录. 北京：人民卫生出版社，1962.

[25] 程鹏程. 急救广生集. 北京：中国中医药出版社，1992.

[26] REMANE H, REMANE Y. The history of the discovery of nitroglycerin. Pharm Unserer Zeit, 2010, 39(5): 340-344.

[27] MARSH N, MARSH A. A short history of nitroglycerine and nitric oxide in pharmacology and physiology. Clin Exp Pharmacol Physiol, 2000, 27(4): 313-319.

[28] RINGERTZ N. Alfred Nobel--his life and work. Nat Rev Mol Cell Biol, 2001, 2(12): 925-928.

[29] HOLMES L C, DICARLO F J. Nitroglycerin: the explosive drug. Journal of Chemical Education, 1971, 48(9): 573-576.

[30] 中岛都美子. 诺贝尔. 回声，译. 北京：新华出版社，1983.

[31] 刘景坤. 传奇富有的炸药大王：诺贝尔. 北京：同心出版社，2011.

[32] 伯根格伦. 诺贝尔传. 孙文芳，译. 长沙：湖南人民出版社，1983: 62-63.

[33] 晓树. 伟大的科学家和企业家：诺贝尔. 北京：中国画报出版社，2009.

[34] SCHÜCK R, SOHLMAN H. 诺贝尔传. 闵任，译. 北京：书目文献出版社，1993.

[35] 肯尼·范特. 诺贝尔全传. 王康，译. 北京：世界知识出版社，2014.

[36] SCHWARTZ A M. The cause, relief and prevention of headaches arising from contact with dynamite. N Engl J Med, 1946, 235: 541-544.

[37] BRUNTON L T. On the use of nitrite of amyl in angina pectoris. Lancet, 1867, 90(2291): 97-98.

[38] MURRELL W. Nitro-glycerine as a remedy for angina pectoris. Lancet, 1879, 113(2890): 80-81.

[39] IGNARRO L J. Biological actions and properties of endothelium-derived nitric oxide formed and released from artery and vein. Circ Res, 1989, 65(1): 1-21.

[40] IGNARRO L J, BYRNS R E, BUGA G M, et al. Endothelium-derived relaxing factor from pulmonary artery and vein possesses pharmacologic and chemical properties identical to those of nitric oxide radical. Circ Res, 1987, 61(6): 866-879.

[41] JAFFREY S R, SNYDER S H. Nitric oxide: a neural messenger. Annu Rev Cell Dev Biol, 1995, 11: 417-440.

[42] JAMAL S A, HAMILTON C J, EASTELL R, et al. Effect of nitroglycerin ointment on bone density and strength in postmenopausal women: a randomized trial. JAMA, 2011, 305(8): 800-807.

[43] GATZKE N, HILLMEISTER P, DÜLSNER A, et al. Nitroglycerin application and coronary arteriogenesis. PLoS One, 2018, 13(8): e0201597.

[44] SCHIMMEL J, SLAUSON S. Swallowed nitroglycerin to treat esophageal food impaction. Ann Emerg Med, 2019, 74(3): 462-463.

[45] TWINER M J, HENNESSY J, WEIN R, et al. Nitroglycerin use in the emergency department: current perspectives. Open Access Emerg Med, 2022, 14: 327-333.

[46] DIVAKARAN S, LOSCALZO J. The role of nitroglycerin and other nitrogen oxides in cardiovascular therapeutics. J Am Coll Cardiol, 2017, 70(19): 2393-2410.

[47] STONE R. Nobel century. At 100, Alfred Nobel's legacy retains its luster. Science, 2001, 294(5541): 288-291.

[48] LICHTMAN M A. Alfred Nobel and his prizes: from dynamite to DNA. Rambam Maimonides Med J, 2017, 8(3): e0035.

第二节 硝酸盐——"天使"或"魔鬼"

国际癌症研究机构（International Agency for Research on Cancer，IARC）将硝酸盐/亚硝酸盐列入对机体具有 2A 类致癌风险的致癌物，但通过流行病学调查和动物实验结果，鉴于其致癌性与亚硝基化合物密切相关，IARC 并没有直接将硝酸盐或者亚硝酸盐列

图 1-2-1　硝酸盐——"天使"或"魔鬼"？

为致癌物，而是将其表示为"在导致内源性亚硝化条件下摄入的硝酸盐或亚硝酸盐（ingested nitrate or nitrite under conditions that result in endogenous nitrosation）"。目前尚无明确的直接证据表明硝酸盐对人体有致癌风险[1]，公众、媒体及学术界等针对硝酸盐是否会影响机体健康导致肿瘤风险增加的问题仍存在一定争议（图 1-2-1）。

一、硝酸盐与胃肠道肿瘤

机体内，亚硝酸盐在严格的条件下与仲胺或叔胺等生物胺反应，形成亚硝胺。世界卫生组织建议每日亚硝酸盐的摄入量上限为 0.06～0.07mg/kg，硝酸盐摄入量上限为 3.7mg/kg[2]。近年来越来越多的研究发现硝酸盐摄入与胃肠道肿瘤无显著相关性，且膳食硝酸盐主要来源于蔬菜，其中含有大量维生素 C 等抗氧化剂，可抑制亚硝胺的形成[3]。目前基于流行病学的研究，没有直接证据证明硝酸盐会增加胃肠道癌症风险[1]。

（一）亚硝胺与肿瘤的关系

亚硝胺（nitrosamine）的分子结构通式为 R1（R2）N-N=O。亚硝胺的 R1、R2 可为烷基、环烷基、芳香环或杂环，可分为挥发性及非挥发性，其中挥发性亚硝胺包括 N- 亚硝基二甲胺（N-nitrosodimethylamine，NDMA）、N- 亚硝基二乙胺

（N-nitrosodiethylamine，NDEA）、N- 亚硝基二丁胺（N-nitrosodibutylamine，NDBA）、N-亚硝基哌啶（N-nitrosopiperidine，NPIP）、N- 亚硝基吡咯烷（N-nitrosopyrrolidine，NPYR）及 N- 亚硝基吗啉（N-nitrosomorpholine，NMOR）等[4]。IARC 将含有大量亚硝酸盐及亚硝胺的加工肉类列为 1 类致癌物，将 NDEA 及 NDMA 列为 2A 类致癌物，将 NPYR、NPIP 和 NDBA 等列为 2B 类致癌物[4,5]。

（二）内源性亚硝胺的合成及影响因素

机体摄入硝酸盐后，其经消化道吸收进入循环系统，通过 Sialin 蛋白富集于唾液腺，20%～25% 的硝酸盐通过唾液分泌于口腔中，部分唾液硝酸盐（5%～36%）在口腔中被细菌还原为亚硝酸盐[6]。亚硝酸盐可在酸性条件下与 H^+ 合成不稳定的 HNO_2（亚硝酸），随后快速分解为氮氧化物 NO_x，例如 N_2O_3（亚硝酐）。N_2O_3 作为亚硝化剂可与二级胺反应合成亚硝胺类物质[7]。

硝酸盐在机体内转化为亚硝胺需要极其严格的条件：①硝酸盐向亚硝酸盐转化的总体百分比低，为 1%～9%[8]；②硝酸盐转化形成的亚硝酸盐与食物中的生物胺进入胃内存在一定时间差[9]；③胃液的正常 pH 为 1.8～2.0，进食后可升至约 7.0，在 0.5～2h 胃液 pH 不适合亚硝胺合成[10]，即使餐后胃重新恢复低 pH，此时亚硝酸盐的浓度也不支持亚硝胺进一步合成；④在消化过程中氨基酸基团受肽键保护，而胃中的胃蛋白酶只破坏酪氨酸或苯丙氨酸的肽键，因此胃内并无过多的游离氨基酸释放，亚硝胺合成底物受限[11]。因此，正常状态下，摄入的硝酸盐很难在体内形成亚硝胺。

内源性亚硝胺合成过程受多种复杂因素的影响。在酸性 pH 下，仲胺的亚硝化反应最为剧烈，因此胃酸过多可能会促进内源性亚硝胺合成[11]。研究发现，与胃肠道癌症相关的幽门螺杆菌感染会引起胃酸增多导致 pH 降低，胃液内硝酸盐及亚硝酸盐浓度显著升高[12]。胃炎的炎症程度越高，胃液内的亚硝酸盐含量越高，维生素 C 浓度越低[12,13]，内源性亚硝胺合成可能与炎症状态相关。炎性肠病患者肠道内亚硝基化合物合成增加，这可能与结肠一氧化氮合酶（NOS）活性相关[14]。王松灵院士课题组在前期工作基础上，将硝酸盐结合维生素 C，合成新药"耐瑞特"，进一步降低硝酸盐在体内形成亚硝胺的可能。

硝酸盐进入机体后，75%～80% 的硝酸盐直接通过尿液、汗液等途径排出体外，1%～9% 的硝酸盐转化为亚硝酸盐。在胃内特定 pH 下，其可能与同时摄入的生物胺反应形成内源性亚硝胺，此过程受多种因素制约与影响。

（三）亚硝酸盐与胃肠道肿瘤的关系

目前，饮食中的亚硝酸盐与胃肠道肿瘤的关系仍存在争议。早在 1958 年就有关于亚硝酸盐致癌的报道[15]。部分研究发现，膳食亚硝酸盐尤其是动物来源的亚硝酸盐，与胃肠道肿瘤的生长成正相关，但同时摄入维生素 C 可显著降低癌症发病的风险。此外，也有研究报道膳食亚硝酸盐与胃肠道癌症未见显著相关性（表 1-2-1）。

表 1-2-1　亚硝酸盐与胃肠道肿瘤相关性临床研究

年份	研究类型	地区	样本量	研究结果
1990 年[16]	病例对照研究	意大利	胃癌组：1 016 例 对照组：1 159 例	随着亚硝酸盐和蛋白质摄入量的增加，胃癌发病风险显著升高；而随着维生素 C、β- 胡萝卜素、α- 生育酚和植物脂肪摄入量的增加，胃癌发病风险降低
1999 年[17]	队列研究	芬兰	9 985 例	膳食中亚硝酸盐摄入量与结直肠癌的发生率无显著相关性，而亚硝胺摄入量与结直肠癌风险增加显著相关
2001 年[18]	病例对照研究	美国	非贲门胃癌：352 例 贲门胃癌：255 例 食管鳞状细胞癌：206 例 食管腺癌：282 例	亚硝酸盐摄入量增加与非贲门性胃癌风险增加显著相关，补充维生素 C 与非贲门性胃癌风险显著降低相关
2011 年[19]	队列研究	美国	303 156 例	红肉摄入量与食管鳞状细胞癌成正相关；亚硝酸盐摄入量与胃肠道癌症无明显相关性
2014 年[20]	队列研究	中国	73 118 例	亚硝酸盐总体摄入量与大肠癌风险无显著相关性
2021 年[21]	队列研究	美国	98 030 例女性	从加工肉类中摄取亚硝酸盐与胃癌风险增加相关；膳食亚硝酸盐与胆囊癌成负相关，动物来源亚硝酸盐与小肠癌成负相关

（四）硝酸盐与胃肠道肿瘤的关系

王松灵院士课题组应用高剂量硝酸盐饲喂小型猪 2 年，未发现小型猪胃肠黏膜显著改变[22]。1995 年，美国国家科学研究委员会饮用水硝酸盐和亚硝酸盐小组委员会[23] 得出结论：没有公信力高的证据表明硝酸盐与胃癌发病率和死亡率有关。2010年，IARC 也发布目前无实质性证据可证实硝酸盐在动物体内是致癌物的文章[1]。多项大规模前瞻性队列研究及病例对照研究发现，饮食中硝酸盐的摄入量与胃肠道癌症无显著相关性，部分研究发现来源于水果或蔬菜中的硝酸盐可降低胃肠道肿瘤的发生风险（表 1-2-2）。

表 1-2-2　硝酸盐与胃肠道肿瘤相关性临床研究

年份	研究类型	地区	样本量	研究结果
1990 年[16]	病例对照研究	意大利	胃癌高危区：1 016 例 胃癌低风险地区（对照）：1 159 例	饮食硝酸盐的摄入量与胃癌风险之间未见明显关联
1997 年[24] 1998 年[25]	前瞻性队列研究	荷兰	男性：58 279 例 女性：62 573 例	硝酸盐总摄入量、膳食硝酸盐或饮水硝酸盐与胃癌无显著相关性
1999 年[17]	队列研究	芬兰	9 985 例	硝酸盐摄入量与胃癌成负相关，但差异无统计学意义
2001 年[27]	病例对照研究	意大利	胃癌患者：382 例 对照组：561 例	随着硝酸盐摄入量的增加，胃癌风险显著降低
2009 年[26]	病例对照研究	墨西哥	胃癌患者：257 例 对照组：478 例	胃癌风险增加与动物来源硝酸盐和亚硝酸盐的大量摄入有关；水果和蔬菜中硝酸盐或亚硝酸盐的摄入可降低胃癌风险
2014 年[20]	队列研究	中国	73 118 例	硝酸盐总体摄入量与大肠癌风险无显著相关性；当维生素 C 摄入量少时，高硝酸盐摄入量与大肠癌风险相关
2021 年[21]	队列研究	美国	98 030 例女性	饮食硝酸盐与胃肠道肿瘤无相关性

综上所述，硝酸盐在体内非常稳定，少部分转化为亚硝酸盐，仅在严格条件下生成少量亚硝胺。目前研究认为，亚硝胺与胃肠道癌症显著相关。然而，亚硝酸盐与胃肠道癌症的关系仍存在一定争议，且无直接证据证明硝酸盐与胃肠道癌症风险增加相关。

二、硝酸盐与高铁血红蛋白血症

高铁血红蛋白血症是由于红细胞中高铁血红蛋白的含量超过正常以致机体缺氧，从而引起的一种疾病。根据发病原因，其可分为先天性和获得性[28]。

（一）魔鬼？

亚硝酸盐与血红蛋白结合形成高铁血红蛋白，后者不再有输氧功能，因而可造成缺氧，严重时可引起窒息死亡。有研究认为，体内过量的亚硝酸盐可以与血红蛋白反应，诱发高铁血红蛋白血症[29]（图1-2-2）。20世纪40年代，美国中西部进行过一系列早期研究，将婴儿高铁血红蛋白血症的发病率与用于配制奶粉的井水中硝酸盐的浓度联系起来。

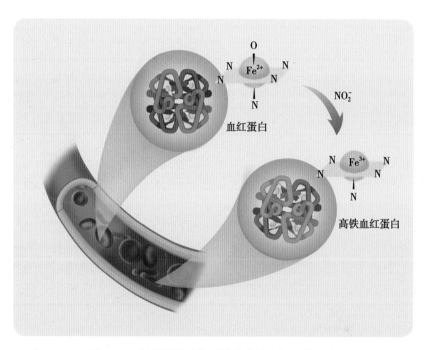

图 1-2-2　过量亚硝酸盐可诱发高铁血红蛋白血症

（二）硝酸盐的摄入与高铁血红蛋白血症的发生发展无相关性

有学者调查了当时所谓的"井水高铁血红蛋白血症"并发现提供水的井中不仅含有硝酸盐，还含有细菌。学者指出在婴儿出现发绀（高铁血红蛋白血症的临床症状）的每一个病例中，水井都位于谷仓或厕所附近。当用自来水代替井水时，高铁血红蛋白血症发病率显著下降[30]。对这些原始研究的重新评估表明，当水井被人或动物粪便污染，井水含有相当数量的细菌时，高铁血红蛋白血症总是发生[31]。这表明，井水引起的高铁血红蛋白血症是由水中的细菌而不是硝酸盐引起的。对这些早期研究的最新解释是，井水中细菌引起的肠胃炎刺激了肠道中一氧化氮的产生，并与血液中的血红蛋白发生反应，将其转化为高铁血红蛋白[32]。

其他学者报道了婴儿高铁血红蛋白血症的另一种常见原因——感染性肠炎，可导致内源性一氧化氮产生增加。这表明，当时许多被认为是由于井水中的硝酸盐引起的婴儿高铁血红蛋白血症的病例实际上是由肠胃炎引起的[34]。同时，有研究表明，即使母乳喂养的婴儿母亲摄入大量硝酸盐（100mg/L），也不会导致婴儿高铁血红蛋白血症的发生[35]。

针对高铁血红蛋白血症的发生，美国公共卫生协会目前给出了建议摄入的硝酸盐上限值，但即使是该报告的作者也认识到其受到一些不完善数据和方法偏差的影响，例如，在许多情况下，婴儿高铁血红蛋白血症发生几个月后才取水样本进行硝酸盐分析。所以，目前尚无明确报道认为硝酸盐与高铁血红蛋白血症有直接关联。

📑 参考文献

[1] IARC WORKING GROUP ON THE EVALUATION OF CARCINOGENIC RISKS TO HUMANS. IARC monographs on the evaluation of carcinogenic risks to humans. IARC Monogr Eval Carcinog Risks Hum, 2010, 94: 1-412.

[2] SPEIJERS G. Nitrite and potential endogenous formation of N-nitroso compounds. WHO Food Additives Series, 2003, 50: 49-74.

[3] WISEMAN M. The second World Cancer Research Fund/American Institute for Cancer Research expert report. Food, nutrition, physical activity, and the prevention of cancer: a global perspective. Proc Nutr Soc, 2008, 67(3): 253-256.

[4] GUSHGARI A J, HALDEN R U. Critical review of major sources of human exposure to N-nitrosamines. Chemosphere, 2018, 210: 1124-1136.

[5] IARC working Group on the Evaluation of Carcinogenic Risks to Humans. Red meat and processed meat. IARC Monogr Eval Carcinog Risks Hum, 2018, 114, 1-506.

[6] LUNDBERG J O, CARLSTRÖM M, WEITZBERG E. Metabolic effects of dietary nitrate in health and disease. Cell Metab, 2018, 28(1): 9-22.

[7] MIRVISH S S. Formation of N-nitroso compounds: chemistry, kinetics, and in vivo occurrence. Toxicol Appl Pharmacol, 1975, 31(3): 325-351.

[8] EFSA Panel on Food Additives and Nutrient Sources added to Food(ANS), Mortensen A, Aguilar F, et al. Re-evaluation of sodium nitrate(E 251) and potassium nitrate(E 252) as food additives. EFSA J, 2017,

15(6): e04787.

[9] GOVONI M, JANSSON E A, WEITZBERG E, et al. The increase in plasma nitrite after a dietary nitrate load is markedly attenuated by an antibacterial mouthwash. Nitric Oxide, 2008, 19(4): 333-337.

[10] 蔡鲁峰，李娜，杜莎，等. N- 亚硝基化合物的危害及其在体内外合成和抑制的研究进展. 食品科学，2016，37（5）：271-277.

[11] MCKNIGHT G M, DUNCAN C W, LEIFERT C, et al. Dietary nitrate in man: friend or foe? Br J Nutr, 1999, 81(5): 349-358.

[12] SHIOTANI A, IISHI H, KUMAMOTO M, et al. Helicobacter pylori infection and increased nitrite synthesis in the stomach. Inflammation and atrophy connections. Dig Liver Dis, 2004, 36(5): 327-332.

[13] ZHANG Z W, PATCHETT S E, PERRETT D, et al. The relation between gastric vitamin C concentrations, mucosal histology, and CagA seropositivity in the human stomach. Gut, 1998, 43(3): 322-326.

[14] KOBAYASHI J. Effect of diet and gut environment on the gastrointestinal formation of N-nitroso compounds: A review. Nitric Oxide, 2018, 73: 66-73.

[15] PLISS G V. Carcinogenic activity of dicyclohexylamine and of its nitrite salts. Vopr Onkol, 1958, 4(6): 659-669.

[16] BUIATTI E, PALLI D, DECARLI A, et al. A case-control study of gastric cancer and diet in Italy: II. Association with nutrients. Int J Cancer, 1990, 45(5): 896-901.

[17] KNEKT P, JÄRVINEN R, DICH J, et al. Risk of colorectal and other gastro-intestinal cancers after exposure to nitrate, nitrite and N-nitroso compounds: a follow-up study. Int J Cancer, 1999, 80(6): 852-856.

[18] MAYNE S T, RISCH H A, DUBROW R, et al. Nutrient intake and risk of subtypes of esophageal and gastric cancer. Cancer Epidemiol Biomarkers Prev, 2001, 10(10): 1055-1062.

[19] CROSS A J, FREEDMAN N D, REN J S, et al. Meat consumption and risk of esophageal and gastric cancer in a large prospective study. Am J Gastroenterol, 2011, 106(3): 432-442.

[20] DELLAVALLE C T, XIAO Q, YANG G, et al. Dietary nitrate and nitrite intake and risk of colorectal cancer in the Shanghai women's health study. Int J Cancer, 2014, 134(12): 2917-2926.

[21] BULLER I D, PATEL D M, WEYER P J, et al. Ingestion of nitrate and nitrite and risk of stomach and other digestive system cancers in the Iowa women's health study. Int J Environ Res Public Health, 2021, 18(13): 6822.

[22] XIA D S, QU X M, TRAN S D, et al. Histological characteristics following a long-term nitrate-rich diet in miniature pigs with parotid atrophy. Int J Clin Exp Pathol, 2015, 8(6): 6225-6234.

[23] NATIONAL RESEARCH COUNCIL(US) SUBCOMMITTEE ON NITRATE AND NITRITE IN DRINKING WATER. Nitrate and nitrite in drinking water. Washington: National Academy Press, 1995.

[24] VAN LOON A J, BOTTERWECK A A, GOLDBOHM R A, et al. Nitrate intake and gastric cancer risk: results from the Netherlands cohort study. Cancer Lett, 1997, 114(1/2): 259-261.

[25] VAN LOON A J, BOTTERWECK A A, GOLDBOHM R A, et al. Intake of nitrate and nitrite and the risk of gastric cancer: a prospective cohort study. Br J Cancer, 1998, 78(1): 129-135.

[26] HERNÁNDEZ-RAMÍREZ R U, GALVÁN-PORTILLO M V, WARD M H, et al. Dietary intake of polyphenols, nitrate and nitrite and gastric cancer risk in Mexico City. Int J Cancer, 2009, 125(6): 1424-1430.

[27] PALLI D, RUSSO A, DECARLI A. Dietary patterns, nutrient intake and gastric cancer in a high-risk area of Italy. Cancer Causes Control, 2001, 12(2): 163-172.

[28] UMBREIT J. Methemoglobin--it's not just blue: a concise review. Am J Hematol, 2007, 82(2): 134-144.

[29] PHILLIPS W E. Naturally occurring nitrate and nitrite in foods in relation to infant methaemoglobinaemia. Food Cosmet Toxicol, 1971, 9(2): 219-228.

[30] COMLY H H. Cyanosis in infants caused by nitrates in well water. JAMA, 1987, 257(20): 2788-2792.

[31] AVERY A A. Infantile methaemoglobinaemia: reexamining the role of drinking water nitrates. Environ Health Perspect, 1999, 107(7): 583-586.

[32] ACHESON E D, Nitrate in drinking water. London: HMSO, 1985.

[33] CORNBLATH M, HARTMANN A F. Methaemoglobinaemia in young infants. J Pediatr, 1948, 33(4): 421-425.

[34] HEGESH E, SHILOAH J. Blood nitrates and infantile methaemoglobinaemia. Clin Chim Acta, 1982, 125(2): 107-115.

[35] DUSDIEKER L B, STUMBO P J, KROSS B C, et al. Does increased nitrate ingestion elevate nitrate levels in human milk? Arch Pediatr Adolesc Med, 1996, 150(3): 311-314.

第三节　为"硝"正名

硝酸盐来源广泛，通常通过饮食摄取，并进行硝酸盐胃肠 - 唾液循环，在机体内代谢。硝酸盐可通过一氧化氮及 Sialin 在维持机体稳态方面起重要作用，是人体必需的物质，在机体中可发挥多种生理功能。

一、硝酸盐的来源

硝酸盐广泛存在于水、土壤、空气、植物、食物等中，机体获得硝酸盐主要依靠两种途径：外源性硝酸盐摄入及内源性硝酸盐产生[1]。饮食来源的硝酸盐占机体硝酸盐摄入的主导地位[1,2]。

（一）外源性硝酸盐的摄入

外源性硝酸盐主要通过食物摄入，其中蔬菜为硝酸盐的主要来源，占总量的80%～90%[2,3]。美国国家科学院[4]报道87%与食物相关的膳食硝酸盐来自蔬菜。富含硝酸盐的蔬菜一般为十字花科（例如芝麻菜、萝卜、芥菜）、藜科（例如甜菜根、瑞士甜菜、菠菜）和苋科。此外，菊科（生菜）和伞形科（芹菜、欧芹）中也包括许多硝酸盐含量较高的物种（表 1-3-1）[3]。

表 1-3-1　含硝酸盐的蔬菜

硝酸盐含量	蔬菜品种
非常低（<200mg/kg 鲜重）	洋蓟、芦笋、蚕豆、茄子、大蒜、洋葱、绿豆、蘑菇、豌豆、胡椒、土豆、西葫芦、红薯、番茄、西瓜
低（200～500mg/kg 鲜重）	西蓝花、胡萝卜、花椰菜、黄瓜、南瓜
中（500～1 000mg/kg 鲜重）	卷心菜、莳萝、萝卜、菜花
高（1 000～2 500mg/kg 鲜重）	块根芹、大白菜、菊苣、茴香、大头菜、韭菜、欧芹
非常高（>2 500mg/kg 鲜重）	芹菜、水芹、山萝卜、生菜、红甜菜根、菠菜、芝麻菜

硝酸盐摄入的其他来源包括饮用水（15%）和其他食品（5%）[5]，且其硝酸盐含量受到严格的标准限制。硝酸盐虽自然存在于供水中，然而在大多数国家，水中硝酸盐的浓度通常远低于允许的浓度（≤50mg/L）[6]。硝酸盐和亚硝酸盐（例如亚硝酸钾/硝酸钠）多年来一直被用作腌制肉类的食品添加剂（表 1-3-2）[7]。因此与蔬菜来源相比，供水及加工肉制品中的硝酸盐对总硝酸盐摄入量的贡献不大。

表 1-3-2　肉制品的硝酸盐含量

肉制品名称	硝酸盐含量 /mg · kg^{-1}	
	平均值	范围
Salami 腊肠	94	未检出～450
热狗	64	8～81
腌肉罐头	63	未检出～840
香肠	58	15～240
火腿	55	未检出～1 400
培根	42	未检出～310
午餐肉	32	<10～70
腌牛肉	14	4～36
牛肉馅	12	未检出～24

（二）内源性硝酸盐的产生

1978 年，研究人员在 *Science* 杂志发表论文，给予 6 名志愿者无蛋白饮食或 0.8g/（kg·d）蛋白饮食，计算志愿者摄入硝酸盐及排泄硝酸盐的平均总量，发现无论何种饮食，尿液中硝酸盐的排出总量均显著高于硝酸盐摄入总量，因此证明硝酸盐在机体内发生内源性合成，并通过研究发现其合成的主要部位为小肠[8]。目前研究认为，哺乳动物内源性硝酸盐合成占总量的 10%～20%[2,3]，其产生主要来自亚硝酸盐及 NO 的氧化。高浓度唾液硝酸盐被口腔细菌部分还原为亚硝酸盐及 NO，硝酸盐和亚硝酸盐可经肠黏膜吸收入血，亚硝酸盐可被氧化为硝酸盐。此外，在 *L*- 精氨酸生成 NO 的过程中，非必需氨基酸 *L*- 精氨酸在 NO 合酶存在下被氧化为 *L*- 瓜氨酸和 NO，形成的 NO 参与许多反应，其中硝酸盐和亚硝酸盐为反应中形成的副产物[9,10]。

二、机体中的硝酸盐代谢循环

硝酸盐摄入后可在体内吸收，通过硝酸盐胃肠 - 唾液循环在机体内代谢，发挥重要的生理功能（图 1-3-1）。

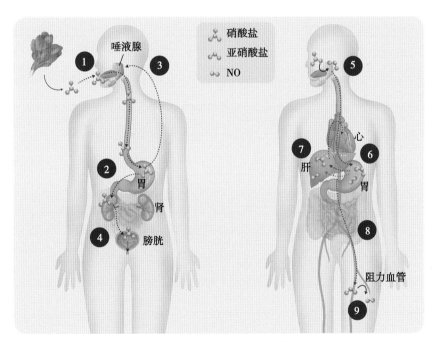

图 1-3-1 机体中硝酸盐的代谢循环

①从食物中摄取硝酸盐；②硝酸盐被胃和小肠吸收；③硝酸盐在唾液中被浓缩；④硝酸盐经肾排泄；
⑤硝酸盐被口腔内的细菌还原为亚硝酸盐；⑥亚硝酸盐还原为 NO；
⑦亚硝酸盐和 NO 扩散进入门脉系统，NO 被氧化为亚硝酸盐；⑧亚硝酸盐在动脉循环中运输；
⑨亚硝酸盐在阻力血管中被还原为 NO，舒张血管降低血压。

（一）硝酸盐的吸收

膳食中的硝酸盐经消化道吸收进入循环系统，其中熟菠菜、生莴苣和熟甜菜根中硝酸盐的生物利用度约为100%，摄入膳食1h后血浆中硝酸盐浓度达到峰值[11]，部分研究报道硝酸盐达峰时间为1.5～1.8h[12]。亚硝酸盐在摄入后其生物利用度为95%～98%[13]，摄入硝酸盐15min后血浆亚硝酸盐增加，并在后续3h内持续增加[14]。摄入的硝酸盐仅有<1%会到达大肠中从粪便排出[15]。并且，饮食摄入硝酸盐和亚硝酸盐无明显的首过效应。

（二）硝酸盐的分布

硝酸盐与亚硝酸盐的分布体积小于人体水的分布体积而大于血液的体积，表明硝酸盐分布于全身[16,17]。亚硝酸盐可被迅速吸收到大多数组织中[18]。硝酸盐则显著富集于唾液腺中，20%～28%的硝酸盐通过唾液分泌于口腔。有研究通过小型猪腮腺萎缩模型，明确腮腺是机体硝酸盐转运的主要器官，并基于唾液腺器官发现了细胞膜硝酸盐通道。硝酸盐可诱发唾液腺细胞出现特异性细胞膜电流，酸性环境下此电流成倍增加，提示硝酸盐通过细胞膜和质子协同进入细胞。通过基因检测和生物信息学分析确定Sialin为细胞膜硝酸盐转运通道的候选蛋白，并用Sialin基因沉默和Sialin自然突变基因细胞转染及小型猪腮腺转导证实，Sialin为哺乳动物硝酸盐转运蛋白[19]。唾液腺通过Sialin摄取血液硝酸盐并分泌入唾液，摄入硝酸盐后，唾液中硝酸盐/亚硝酸盐含量显著增加，唾液中硝酸盐水平从约0.7mmol/L上升到>15mmol/L，唾液中亚硝酸盐水平从0.3mmol/L上升到>2.0mmol/L，唾液中硝酸盐浓度可达到血液中的10～20倍[14]。

（三）硝酸盐的代谢

高浓度唾液硝酸盐在口腔中被细菌部分还原为亚硝酸盐及NO。硝酸盐还原为亚硝酸盐的部位几乎完全位于舌背后1/3处。口腔内多种共生细菌，例如韦荣氏球菌、放线菌、罗氏菌和表皮葡萄球菌等，含有硝酸盐还原酶基因，能够在培养过程中产生硝酸盐还原酶，并将硝酸盐还原为亚硝酸盐[20]。细菌硝酸盐还原酶可分为三类，即周质硝酸盐还原酶（periplasmic dissimilatory nitrate reductases，Nap）、膜结合硝酸盐还原酶（membrane-bound respiratory nitrate reductases，Nar）和同化硝酸盐还原酶（cytoplasmic assimilatory nitrate reductases，Nas）[20,21]。

膳食硝酸盐被吞咽之前在舌表面虽也可通过硝酸盐还原酶向亚硝酸盐转化，但绝大多数亚硝酸盐是随后通过硝酸盐的胃肠 - 唾液循环，随着唾液腺中硝酸盐的浓缩和唾液的分泌而形成的[19]。亚硝酸盐与剩余硝酸盐被吞入胃中，并在酸性环境中进一步转化为 NO 和其他具有生物活性的氮氧化物。当通过 NOS 内源性产生 NO 受限时，亚硝酸盐可在某些生理条件下（例如缺氧）还原为 NO 或储存在血液和组织中[22]，随后残留的硝酸盐及亚硝酸盐可通过小肠吸收。

（四）硝酸盐的排泄

机体摄入的硝酸盐 65%～75% 经肾脏排泄[10]。硝酸盐的半衰期为 5～8h。亚硝酸盐在体外实验中的半衰期为 1～5min[23]，而在体内为 20～45min[13,17]。上述情况表明，硝酸盐在循环中具有较强的稳定性，且亚硝酸盐具有在含氧条件下氧化为硝酸盐或还原为 NO 的倾向。

三、硝酸盐——人体必需的物质

硝酸盐通过 NO 及 Sialin 在维持机体稳态方面起重要作用。机体摄入硝酸盐后可激活 NO_3^--NO_2^--NO 途径，是经典 NO 途径的平行途径和有力补充。与此同时，硝酸盐也可通过 Sialin 蛋白转运到细胞内发挥作用。硝酸盐在机体中可发挥多种功能，包括改善血管内皮功能、调节血管张力、抗氧化、抑制炎症因子释放、调节糖脂代谢、调节肠道菌群，从而提高肌肉运动能力，保护消化系统及心血管系统，缓解胃肠道应激性溃疡，治疗肺动脉高压等全身性疾病（图 1-3-2）[19]。

（一）硝酸盐可调节血管张力，预防心血管疾病

小鼠膳食中长期缺乏硝酸盐可导致内皮功能障碍和心血管疾病等[24]。使用甜菜根汁作为健康志愿者的硝酸盐来源，发现健康志愿者血压降低约 10mmHg，这与血浆中亚硝酸盐的峰值水平相吻合[11]。一项 15 名高血压患者（经治疗）参加的随机对照交叉试验发现，抗菌漱口水使用超过 3d 可导致收缩压升高 2.3mmHg，但对舒张压无显著影响[25]。这表明硝酸盐胃肠 - 唾液循环的重要性以及口腔硝酸盐还原菌生物活化在其中的关键作用，尤其是在 L- 精氨酸 -NOS 通路功能失调的情况下，硝酸盐和亚硝酸盐作为具有生物活性的食物成分和不可或缺的营养物质，可用于维持 NO 稳态[19]。

（二）硝酸盐改善唾液腺功能

本课题组发现机体血液中硝酸盐浓度升高通常伴有重要脏器的 Sialin 表达升高，硝酸盐可增加腺泡细胞中 Sialin 的表达，进一步促进硝酸盐进入细胞。摄入硝酸盐可增

加唾液腺水通道蛋白 AQP5 的表达量并提高唾液分泌量，并且有效减少唾液腺组织的纤维化面积及细胞萎缩。此过程由硝酸盐 -Sialin 互馈环路介导，通过上调 EGFR-AKT-MAPK 信号通路从而促进腺泡和导管细胞增殖，减少细胞凋亡[26]。此外，本课题组也发现硝酸盐 -Sialin 环路可以通过调节唾液腺细胞内自噬，保存放射损失的唾液腺细胞。

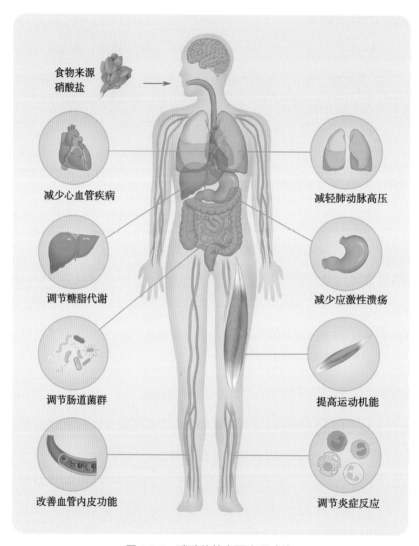

食物来源
硝酸盐

减少心血管疾病

减轻肺动脉高压

调节糖脂代谢

减少应激性溃疡

调节肠道菌群

提高运动机能

改善血管内皮功能

调节炎症反应

图 1-3-2　硝酸盐的主要生理功能

（三）硝酸盐可提高运动能力

NO 在调节线粒体功能和能量消耗中的作用备受关注。健康年轻志愿者通过膳食补充硝酸盐可在各种亚极量运动（运动负荷为最高运动负荷的 70%～85% 的）中降低氧气消耗并提高肌肉效率，且不会增加无氧代谢[27]。连续 3d 给予自行车运动员甜菜根汁饮料，其血浆内亚硝酸盐浓度增加 1 倍，而运动过程中的耗氧量减少约 5%[28]。富含硝酸盐的膳食可降低休息时的初始肌肉放电率及疲劳运动中的平均和最大放电率，可通过改善肌肉和神经功能，降低耗氧量，最终增强运动功能[29]。本课题组前期研究发现，硝酸盐可上调间充质干细胞中 Sialin 的表达从而改善线粒体功能并降低其衰老水平。

（四）硝酸盐可保护消化系统

胃肠保护是硝酸盐对人体有益的最早证据。人体在应激状态下，唾液腺可主动分泌硝酸盐保护胃肠道[30]。大鼠补充硝酸盐导致牢固黏附的黏液层厚度增加 20%，使用抗菌口腔喷雾剂后则可阻断补充硝酸盐对胃肠道的保护效果[31]。本课题组发现，硝酸盐可通过提高 NO 水平防治炎性肠病，平衡肠道菌群[32]。同时，硝酸盐可通过 Sialin 蛋白直接调控巨噬细胞 M1/M2 比例从而预防非酒精性脂肪肝。

（五）硝酸盐可调节机体代谢

与常规饮食相比，小鼠低亚硝酸盐 / 硝酸盐饮食 3 个月可显著引发内脏肥胖、血脂异常和葡萄糖耐受不良，低亚硝酸盐 / 硝酸盐饮食 18 个月可显著引起体重增加、高血压、胰岛素抵抗和内皮依赖性的乙酰胆碱舒张受损，低亚硝酸盐 / 硝酸盐饮食 22 个月则可由于心血管疾病显著导致死亡[33]。$NO_3^--NO_2^--NO$ 信号通路靶点包括氧化应激和脂肪褐变，同时激活典型的代谢调节通路，与当前使用的几种降糖药如双胍类药物影响的通路相似[24]。

总的来说，硝酸盐在机体内发挥重要的作用，缺乏硝酸盐会引起机体心血管、胃肠道及代谢稳态改变，硝酸盐可通过激活硝酸盐 - 亚硝酸盐 -NO 通路及调节 Sialin 蛋白从而维持机体稳态，硝酸盐的众多生理功能目前仍在进一步的研究与探索中。

📑 参考文献

[1] WEITZBERG E, LUNDBERG J O. Novel aspects of dietary nitrate and human health. Annu Rev Nutr, 2013, 33: 129-159.

[2] HORD N G, TANG Y P, BRYAN N S. Food sources of nitrates and nitrites: the physiologic context for potential health benefits. Am J Clin Nutr, 2009, 90(1): 1-10.

[3] PIETRO S. Nitrate in vegetables: toxicity, content, intake and EC regulation. J Sci Food Agric, 2006, 86(1): 10-17.

[4] NATIONAL ACADEMY of Sciences. The health effects of nitrate, nitrite and N-nitroso compounds. Washington, DC: Natl. Acad. Press, 1981.

[5] SINDELAR J J, MILKOWSKI A L. Human safety controversies surrounding nitrate and nitrite in the diet. Nitric Oxide, 2012, 26(4): 259-266.

[6] WARD M H, DEKOK T M, LEVALLOIS P, et al. Workgroup report: drinking-water nitrate and health-recent findings and research needs. Environ Health Perspect, 2005, 113(11): 1607-1614.

[7] JACKSON J, PATTERSON A J, MACDONALD-WICKS L, et al. The role of inorganic nitrate and nitrite in CVD. Nutr Res Rev, 2017, 30(2): 247-264.

[8] TANNENBAUM S R, FETT D, YOUNG V R, et al. Nitrite and nitrate are formed by endogenous synthesis in the human intestine. Science, 1978, 200(4349): 1487-1489.

[9] LEAF C D, WISHNOK J S, TANNENBAUM S R. L-arginine is a precursor for nitrate biosynthesis in humans. Biochem Biophs Res Commun, 1989, 163(2): 1032-1037.

[10] MERINO L, ÖRNEMARK U, TOLDRÁ F. Analysis of nitrite and nitrate in foods: overview of chemical, regulatory and analytical aspects. Adv Food Nutr Res, 2017, 81: 65-107.

[11] WEBB A J, PATEL N, LOUKOGEORGAKIS S, et al. Acute blood pressure lowering, vasoprotective, and antiplatelet properties of dietary nitrate via bioconversion to nitrite. Hypertension, 2008, 51(3): 784-790.

[12] VAN VELZEN A G, SIPS A J, SCHOTHORST R C, et al. The oral bioavailability of nitrate from nitrate-rich vegetables in humans. Toxicol Lett, 2008, 181(3): 177-181.

[13] HUNAULT C C, VAN VELZEN A G, SIPS A J, et al. Bioavailability of sodium nitrite from an aqueous solution in healthy adults. Toxicol Lett, 2009, 190(1): 48-53.

[14] GOVONI M, JANSSON E A, WEITZBERG E, et al. The increase in plasma nitrite after a dietary nitrate load is markedly attenuated by an antibacterial mouthwash. Nitric Oxide, 2008, 19(4): 333-337.

[15] BARTHOLOMEW B, HILL M J. The pharmacology of dietary nitrate and the origin of urinary nitrate. Food Chem Toxicol, 1984, 22(10): 789-795.

[16] EFSA PANEL ON FOOD ADDITIVES AND NUTRIENT SOURCES ADDED TO FOOD (ANS), MORTENSEN A, AGUILAR F, et al. Re-evaluation of sodium nitrate (E 251) and potassium nitrate (E 252) as food additives. EFSA J, 2017, 15(6): e04787.

[17] DEJAM A, HUNTER C J, TREMONTI C, et al. Nitrite infusion in humans and nonhuman primates: endocrine effects, pharmacokinetics, and tolerance formation. Circulation, 2007, 116(16): 1821-1831.

[18] BRYAN N S, FERNANDEZ B O, BAUER S M, et al. Nitrite is a signaling molecule and regulator of gene expression in mammalian tissues. Nat Chem Biol, 2005, 1(5): 290-297.

[19] 秦力铮，靳路远，曲兴民，等. 硝酸盐. 中华口腔医学杂志，2020，55（7）：433-438.

[20] KOCH C D, GLADWIN M T, FREEMAN B A, et al. Enterosalivary nitrate metabolism and the microbiome: intersection of microbial metabolism, nitric oxide and diet in cardiac and pulmonary vascular health. Free Radical Bio Med, 2017, 105: 48-67.

[21] KOOPMAN J E, BUIJS M J, BRANDT B W, et al. Nitrate and the origin of saliva influence composition and short chain fatty acid production of oral microcosms. Microb Ecol, 2016, 72(2): 479-492.

[22] BURLEIGH M C, LIDDLE L, MONAGHAN C, et al. Salivary nitrite production is elevated in individuals with a higher abundance of oral nitrate-reducing bacteria. Free Radical Bio Med, 2018, 120: 80-88.

[23] LUNDBERG J O, GOVONI M. Inorganic nitrate is a possible source for systemic generation of nitric oxide. Free Radic Biol Med, 2004, 37(3): 395-400.

[24] LUNDBERG J O, CARLSTRÖM M, WEITZBERG E. Metabolic effects of dietary nitrate in health and disease. Cell Metab, 2018, 28(1): 9-22.

[25] BONDONNO C P, LIU A H, CROFT K D, et al. Antibacterial mouthwash blunts oral nitrate reduction and increases blood pressure in treated hypertensive men and women. Am J Hypertens, 2015, 28(5): 572-575.

[26] FENG X Y, WU Z F, XU J J, et al. Dietary nitrate supplementation prevents radiotherapy-induced xerostomia. Elife, 2021, 10: e70710.

[27] LARSEN F J, WEITZBERG E, LUNDBERG J O, et al. Effects of dietary nitrate on oxygen cost during exercise. Acta Physiol, 2007, 191(1): 59-66.

[28] OLSSON H, AL-SAADI J, OEHLER D, et al. Physiological effects of beetroot in athletes and patients. Cureus, 2019, 11(12): e6355.

[29] FLANAGAN S D, LOONEY D P, MILLER M J, et al. The effects of nitrate-rich supplementation on neuromuscular efficiency during heavy resistance exercise. J Am Coll Nutr, 2016, 35(2): 100-107.

[30] JIN L Y, QIN L Z, XIA D S, et al. Active secretion and protective effect of salivary nitrate against stress in human volunteers and rats. Free Radic Biol Med, 2013, 57: 61-67.

[31] PETERSSON J, CARLSTRÖM M, SCHREIBER O, et al. Gastroprotective and blood pressure lowering effects of dietary nitrate are abolished by an antiseptic mouthwash. Free Radic Biol Med, 2009, 46(8): 1068-1075.

[32] HU L, JIN L Y, XIA D S, et al. Nitrate ameliorates dextran sodium sulfate-induced colitis by regulating the homeostasis of the intestinal microbiota. Free Radic Biol Med, 2020, 152: 609-621.

[33] KINA-TANADA M, SAKANASHI M, TANIMOTO A, et al. Long-term dietary nitrite and nitrate deficiency causes the metabolic syndrome, endothelial dysfunction and cardiovascular death in mice. Diabetologia, 2017, 60(6): 1138-1151.

02

踏"唾"寻"硝"

　　硝酸盐是从口腔走向全身的使者，具有重要的生理功能和疾病防治潜能，有望成为全身健康的"益生元"。口腔和唾液腺在硝酸盐代谢过程中起到重要作用。那么研究者们是如何发现硝酸盐在全身健康及疾病防治中发挥重要作用的呢？

第一节　千头万绪，始于一端

人体中的硝酸盐代谢主要是由多器官参与的循环完成的，其中唾液腺被认为是主要的器官之一。正常人唾液硝酸盐浓度远远大于血液硝酸盐浓度，可以推测唾液腺不是简单地排泄硝酸盐，而是从血液中主动摄取硝酸盐。那么，唾液腺主动摄取硝酸盐并分泌到唾液中的目的是什么？口腔中四组唾液腺是哪个唾液腺主动摄取硝酸盐到唾液的？硝酸盐在唾液、血液、尿液中是如何分布的？唾液腺功能受损后唾液、血液、尿液中硝酸盐水平是如何变化的？

一、小型猪腮腺萎缩实验

（一）实验方法

小型猪的腮腺功能和解剖结构与人类最为接近[1]，因此小型猪腮腺萎缩模型适合研究唾液腺在硝酸盐代谢中的作用。将小型猪双侧腮腺导管分别注入 1% 甲紫 4mL，缝合导管口，通过化学方式使腮腺破坏萎缩，建立小型猪腮腺破坏萎缩模型。甲紫注入正常小型猪腮腺后腺体的主要病理表现为腺体急性坏死、腺体萎缩及纤维组织修复[2-5]。小型猪双侧腮腺萎缩术后 3 个月进行硝酸盐负荷实验，分别收集正常组和萎缩组硝酸盐负荷前和负荷后不同时间段的混合唾液、血清、尿液。

在硝酸盐负荷之前，正常小型猪混合唾液中不同时间段的硝酸盐和亚硝酸盐都比萎缩组高。萎缩组在实验前将双侧腮腺破坏，分泌硝酸盐受阻，因此，萎缩组混合唾液硝酸盐浓度降低。两组血清和尿液的硝酸盐没有明显区别。

（二）实验结果

当硝酸盐负荷后，正常组和萎缩组混合唾液硝酸盐浓度均明显升高，正常组混合唾液硝酸盐浓度明显高于萎缩组，在给予负荷后 60min 达到峰值，然后逐渐下降，萎缩组下降速度比正常组快，正常组在各个时间段的浓度值均约为萎缩组的 2 倍（图 2-1-1A）。两组血清硝酸盐在负荷后均升高，萎缩组上升的幅度明显大于正常组，萎缩组血清硝酸盐浓度的峰值为（38.90 ± 1.19）μg/mL，远远大于正常组的（20.68 ± 1.20）μg/mL。峰值出现的时间为负荷后的第40min，比唾液中硝酸盐浓度峰值提前，随后在血清中的浓度逐渐下降，120min后基本回到原来的水平（图2-1-1B）。正常组唾液硝酸盐浓度在负荷前后均高于血清硝酸盐浓度，这表明硝酸盐从血清进入腮腺是逆浓度差运输的，证实腮腺主动摄取硝酸盐。负荷后萎缩组血清硝酸盐最大峰值大于同组混合唾液硝酸盐浓度的最大峰值，这可能是由于当增加硝酸盐负荷后，腮腺分泌硝酸盐受阻，分泌的唾液硝酸盐减少，机体对血清硝酸盐的调节作用失灵，必然导致血清硝酸盐浓度升高。

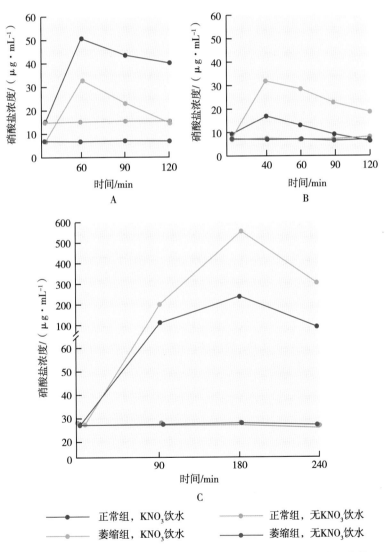

图 2-1-1 硝酸盐负荷前后混合唾液、血清、尿液中硝酸盐的浓度变化
A. 混合唾液硝酸盐浓度　B. 血清硝酸盐浓度　C. 尿液硝酸盐浓度

　　硝酸盐负荷前两组尿液硝酸盐浓度无显著性差异，当硝酸盐负荷后，2 组尿液硝酸盐浓度均明显升高，大约在负荷后第 180min 达到峰值，萎缩组峰值是正常组的近 2 倍（图 2-1-1C）。硝酸盐负荷后两组尿液中硝酸盐都增加，萎缩组腮腺主动摄取硝酸盐的能力受损后，硝酸盐从尿液排出的量比正常组更多。

　　正常组混合唾液亚硝酸盐水平组显著高于萎缩组。在硝酸盐负荷后正常组混合唾液亚硝酸盐水平无变化，说明口腔菌群在口腔将硝酸盐转化为亚硝酸盐的能力是有限的，并且容易被高浓度硝酸盐饱和。在硝酸盐负荷后萎缩组亚硝酸盐浓度逐渐升高，在 120min 时达到正常组水平[6]（图 2-1-2）。

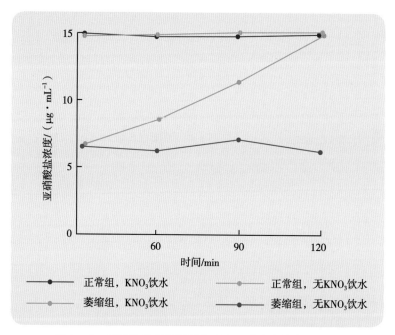

图 2-1-2　硝酸盐负荷前后混合唾液亚硝酸盐的浓度变化

（三）实验意义

　　小型猪腮腺萎缩实验中小型猪腮腺萎缩后唾液中硝酸盐和亚硝酸盐都减少，负荷硝酸盐后唾液中硝酸盐和亚硝酸盐都升高，说明腮腺是分泌硝酸盐的重要器官。硝酸盐从血清进入腮腺是逆浓度差的，证实腮腺对硝酸盐是主动摄取的。通过小型猪腮腺萎缩实验确立了腮腺在硝酸盐代谢中的重要作用。

二、硝酸盐抗菌研究

　　口腔唾液硝酸盐浓度远远大于血液硝酸盐浓度，唾液中的硝酸盐是如何影响口腔微环境的呢？口腔微生态是一个复杂的生态环境，含有各种各样的细菌。硝酸盐和亚硝酸盐对口腔致病细菌有抗菌作用吗？

（一）研究方法

在体外对菌株进行增菌培养，得到对数生长期的各种口腔常见标准致病菌的细菌悬液并调节其菌液浓度到 10^9CFU/mL，然后将不同浓度的硝酸盐、亚硝酸盐和细菌悬液加入 96 孔板并将 pH 调至 7.0、6.0、5.0、4.5、4.0、3.0 几种状态下进行培养。测定培养后的吸光度（OD）值并将培养后的细菌悬液继续转移到固体培养基培养，确定每种细菌的最小抑菌浓度（MIC）和最小杀菌浓度（MBC）。

（二）研究结果

酸化的亚硝酸盐在正常口腔唾液生理浓度（2～40mmol/L）下具有明显的抑菌及杀菌作用。在体外观察不同酸性条件下硝酸盐和亚硝酸盐对 6 种主要口腔病原体（变异链球菌、牙龈卟啉单胞菌、具核梭杆菌、牙龈二氧化碳嗜纤维菌、乳酸杆菌和白色念珠菌）的抑菌及杀菌作用是不相同的。硝酸盐对体外生长的口腔主要致病菌没有任何影响。乳酸杆菌和白色念珠菌耐受酸性环境的能力很强，在 pH 处于 3.0～7.0 均可以生长，其余 4 种细菌（变异链球菌、牙龈卟啉单胞菌、具核梭杆菌、牙龈二氧化碳嗜纤维菌）在 pH 低于 4.0 时均无法继续生长。

酸化的亚硝酸盐抑菌或杀菌能力远远大于未酸化的亚硝酸盐，不同浓度的亚硝酸盐在不同的 pH（4.0～7.0）下均有不同程度抑制细菌生长的作用，随着所在环境 pH 的下降，亚硝酸盐发挥的抑菌作用也越来越强（图 2-1-3）。但对于每种细菌来说，它们又有各自的特殊性。对酸化亚硝酸盐敏感度差异从高到低的口腔致病菌依次为：变异链球菌 > 牙龈卟啉单胞菌 > 具核梭杆菌 > 牙龈二氧化碳嗜纤维菌 > 乳酸杆菌 > 白色念珠菌。变异链球菌对酸化的亚硝酸盐比较敏感，pH 为 7.0、6.0、5.0、4.5 时，亚硝酸盐都可以完全杀死细菌。随着 pH 的降低，亚硝酸盐抑制变异链球菌的最小杀菌浓度（MBC）也逐渐变小。只有在 pH 低于 5.0 时，亚硝酸盐才能对牙龈卟啉单胞菌、牙龈二氧化碳嗜纤维菌、具核梭杆菌发挥抑菌或杀菌作用。白色念珠菌和乳酸杆菌具有相似的特性，它们的亚硝酸盐 MBC 浓度均较高[7]。

（三）研究意义

本研究证明酸化的亚硝酸盐对体外培养的 6 种主要口腔病原体的生长和存活有显著影响。这些致病菌与龋病、牙周炎和口臭密切相关，因此硝酸盐有可能是一种促进口腔健康的化合物，食用富含硝酸盐的饮食来增加唾液中的亚硝酸盐水平有可能成为一种很有前途的减少龋病、牙周炎和口臭的治疗策略。

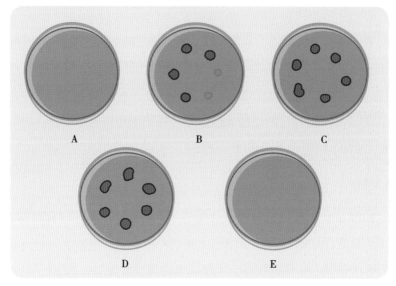

图 2-1-3　不同 pH 和不同浓度的硝酸盐和亚硝酸盐对牙龈卟啉单胞菌生长的影响

A. pH 3.0，硝酸盐分别为 0、2mmol/L、4mmol/L、8mmol/L、40mmol/L 时牙龈卟啉单胞菌的恢复情况：都没有细菌生长

B. pH 5.0，亚硝酸盐分别为 4mmol/L、8mmol/L、40mmol/L 时牙龈卟啉单胞菌的恢复情况：在亚硝酸盐为 40mmol/L 时无菌落生长

C. pH 分别为 7.0、6.0，亚硝酸盐分别为 4mmol/L、8mmol/L、40mmol/L 时牙龈卟啉单胞菌的恢复情况：均有菌落生长（↑）

D. pH 分别为 7.0、6.0、5.0、4.5、4.0 时，硝酸盐为 40mmol/L 时牙龈卟啉单胞菌的恢复情况：均能完全恢复（↑）

E. pH 3.0，亚硝酸盐分别为 0、2mmol/L、4mmol/L、8mmol/L、40mmol/L 时牙龈卟啉单胞菌的恢复情况：都没有细菌生长

三、唾液腺疾病硝酸盐、亚硝酸盐的改变

腮腺是机体硝酸盐转运的主要器官，腮腺功能异常的疾病都会导致硝酸盐和亚硝酸盐代谢异常。舍格伦综合征（Sjogren syndrome，SS）是主要累及外分泌腺的自身免疫病，主要造成唾液腺破坏、唾液腺慢性炎症细胞浸润和破坏，导致唾液分泌减少，影响硝酸盐和亚硝酸盐的代谢。

检测健康志愿者、SS 患者和腮腺良性肥大者 4 种体液（腮腺液、混合唾液、血液、尿液）中硝酸盐和亚硝酸盐的水平发现，腮腺液中只有硝酸盐而无亚硝酸盐，说明混合唾液中的亚硝酸盐不是直接由腮腺分泌的。健康志愿者硝酸盐的最高平均浓度是在腮腺液中检测到的（172mg/L），其次是尿液（160mg/L）、混合唾液（97mg/L）和血清（33mg/L）。与腮腺良性肥大者、健康志愿者相比，SS 患者混合唾液流量低于腮腺良

性肥大者和健康志愿者（图 2-1-4A），SS 患者腮腺液流速（0.08mL/min）远低于腮腺良
性肥大者（0.26mL/min）和健康志愿者（0.35mL/min）（图 2-1-4B）。SS 患者混合唾液中
的硝酸盐浓度及亚硝酸盐浓度和总量都明显下降（图 2-1-4C、E）。SS 患者腮腺液中硝
酸盐浓度显著下降（图 2-1-4D）。腮腺良性肥大者和健康志愿者的混合唾液中的硝酸盐
浓度无差异，而腮腺良性肥大者混合唾液中亚硝酸盐浓度比 SS 患者和健康志愿者都高
（图 2-1-4E）。这可能是由于口腔唾液的流速较低，促进了口腔中硝酸盐还原酶共生细菌
的生长，增加硝酸盐向亚硝酸盐的转化。

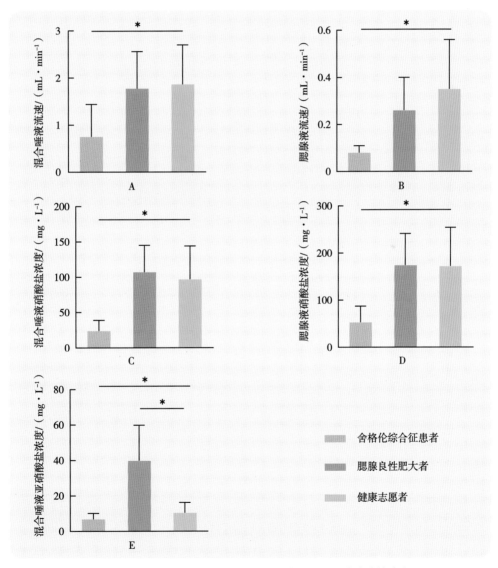

图 2-1-4 混合唾液、腮腺液的流速和硝酸盐、亚硝酸盐的浓度
A. 混合唾液流速 B. 腮腺液流速 C. 混合唾液硝酸盐浓度
D. 腮腺液硝酸盐浓度 E. 混合唾液亚硝酸盐浓度

　　SS 患者、腮腺良性肥大者和健康者的腮腺液硝酸盐浓度远高于血清中硝酸盐浓度。腮腺良性肥大者和健康者的腮腺液硝酸盐浓度为血清硝酸盐浓度的 6 倍。SS 患者腮腺硝酸盐浓度约为血清硝酸盐浓度的 2 倍。SS 患者腮腺液中硝酸盐减少可能是由于淋巴细胞浸润对唾液腺的破坏。腮腺良性肥大者和健康志愿者尿液硝酸盐浓度与腮腺液中硝酸盐浓度相当，SS 患者尿液中硝酸盐浓度显著增加，约为腮腺液硝酸盐浓度的 9 倍。在所有测试组中，血清中的硝酸盐（图 2-1-5A）和亚硝酸盐浓度保持相对稳定[8]。SS 患者唾液中的硝酸盐含量明显下降，而血清中的硝酸盐含量保持稳定，尿液中硝酸盐浓度明显升高（图 2-1-5B），提示硝酸盐是通过尿液排出体外的。

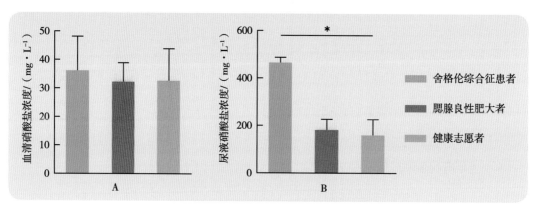

图 2-1-5　血清和尿液中的硝酸盐浓度
A. 血清硝酸盐浓度　B. 尿液硝酸盐浓度

📑 参考文献

[1] 袁进，顾为望. 小型猪作为人类疾病动物模型在生物医学研究中的应用. 动物医学进展，2011，32（2）：108-111.

[2] 李钧，王松灵，朱宣智，等. 甲紫注入小型猪正常腮腺后超微病理学观察. 现代口腔医学杂志，2000，14（6）：411.

[3] 王松灵，李钧，朱宣智，等. 注入甲紫致腺体萎缩治疗慢性阻塞性腮腺炎的临床研究. 北京口腔医学，2000，8（2）：59-63.

[4] 李钧，王松灵，朱宣智. 甲紫注入小型猪正常腮腺后组织病理观察. 中华口腔医学杂志，1999，34（2）：91-93.

[5] XIA D S, QU X M, TRAN S D, et al. Histological characteristics following a long-term nitrate-rich diet in miniature pigs with parotid atrophy. Int J Clin Exp Pathol, 2015, 8(6): 6225-6234.

[6] XIA D S, DENG D J, WANG S L. Destruction of parotid glands affects nitrate and nitrite metabolism. J Dent Res, 2003, 82(2): 101-105.

[7] XIA D S, LIU Y, ZHANG C M, et al. Antimicrobial effect of acidified nitrate and nitrite on six common oral pathogens in vitro. Chin Med J, 2006, 119(22): 1904-1909.

[8] XIA D S, DENG D J, WANG S L. Alterations of nitrate and nitrite content in saliva, serum, and urine in patients with salivary dysfunction. J Oral Pathol Med, 2003, 32(2): 95-99.

第二节 独辟蹊径，别开生面

硝酸盐是人体必需的物质，唾液腺是硝酸盐富集的重要器官，那么唾液腺是如何摄取和分泌硝酸盐的呢？唾液腺是否存在转运硝酸盐的通道呢？如果存在，那又是什么通道呢？

一、硝酸盐转运通道 Sialin

王松灵院士课题组经过基于唾液腺器官的长期研究，首次发现并报道了细胞膜硝酸盐转运通道 Sialin[1]。每一项成果的获得都经历了百转千回的科研之路。硝酸盐转运通道 Sialin 的发现是王松灵院士课题组历经 10 余年的不懈努力，不屈不挠不断探索的结果。

（一）硝酸盐转运通道 Sialin 的发现

1. 科学问题的提出 唾液中的硝酸盐为什么这么丰富，比血液中的含量高出数倍？王松灵院士将这个问题记在心上，通过查阅文献发现虽然有不少关于唾液中硝酸盐的报道，但对硝酸盐的来源、转运机制及其功能基本都是空白。作为一位唾液腺研究者，他敏锐地意识到这是一个有意义的科学问题，希望通过研究来解答它。

通过动物实验及临床研究，王松灵院士课题组首次发现了腮腺是调节机体硝酸盐的重要器官，也是维持机体硝酸盐平衡的重要器官，是唾液高浓度硝酸盐的主要来源[2,3]。但是，唾液腺主动摄取并分泌硝酸盐的具体机制是什么呢？机体是否存在通过唾液腺分泌唾液硝酸盐的转运通道呢？带着这些数据和科学问题，王松灵院士于 2003 年参加在美国匹兹堡举行的第二届国际唾液腺学术研讨会时顺访了曾经做过高级访问学者的美国国立口腔与颅面研究所（NIDCR）Bruce Baum 教授实验室，向专门从事细胞电生理研究的刘细保老师汇报，邀请他加入研究，刘老师爽快地答应了合作，并很快摸索出唾液腺细胞膜片钳电生理测量的工作条件。

2. 硝酸盐转运通道的发现 膜片钳电生理实验观察到人下颌下腺细胞系 HSG 细胞外液中 NO_3^- 浓度增加时，可在 HSG 细胞膜上检测到一个稳定外向的电流变化。当细胞外液的 pH 由 7.4 降至 4 时，细胞膜上电流显著增加，此酸激活的膜电流通常是自发性电流的 3～6 倍，且此电流变化与细胞外钠离子无关。当细胞外液中 Cl⁻、Br⁻ 或葡萄糖酸浓度升高时，降低细胞外 pH 也不会产生可检测到的电流变化。当细胞内 NO_3^- 浓度升高时，HSG 细胞膜上又可检测到内流电流变化，此电流较快消失，但降低 pH 对其影响较小。一些已知的非特异性阴离子通道抑制剂（如 DIDS、NPPB、ECA、CHC）能够可逆性阻断硝酸盐引起的电流改变。此外，Ca^{2+}、ATP、cAMP 等相关的离子及激酶也不影响该通道对硝酸盐的转运。这些结果提示唾液腺细胞具有主动摄取和分泌硝酸盐的能力，这种依赖 NO_3^- 浓度的电流变化特点也说明 HSG 细胞具有特异性的与 H^+ 共转运的硝酸盐通道。

经过反复验证，研究团队发现硝酸盐诱导的细胞膜电流变化是固有的，是与以往所报道的通道特点明显不同的新的离子转运通道，这表明唾液腺细胞中存在着未报道过的硝酸盐转运通道。刘老师拿到预实验结果后兴奋地打电话告知：硝酸盐诱导的细胞膜电流变化非常稳定，重复性很好，这是在他做过这么多离子通道电生理中很少见到的。有了电生理预实验证据，就坚定了大家要进一步寻找发现硝酸盐转运通道的决心！

为了深入研讨课题，2005 年课题组邀请刘老师和他的导师 Indu Suresh Ambudkar 教授来武汉参加全国唾液腺学术会议，并对硝酸盐转运通道这一合作课题进行了专题报告。经过一段时间的努力和一次次实验，王松灵院士课题组最终通过膜片钳电生理研究，明确唾液腺细胞膜上存在固有的、从未被报道的硝酸盐转运通道。然而只有电生理工作，硝酸盐转运通道到底是什么呢？王松灵院士陷入了迷茫和彷徨中，又从何处入手找寻这么一个通路呢？

3. 硝酸盐转运通道 Sialin 的筛选　实验结果表明，腮腺分泌的唾液硝酸盐浓度明显高于下颌下腺。腮腺与下颌下腺之间不仅存在分泌物之间的差异，而且发挥着不同的生理功能，而这些差异主要是由于其内在的功能基因所决定的。因此，课题组思考为什么不先观察腮腺和下颌下腺基因及蛋白表达差异呢？从分子水平上观察腮腺、下颌下腺表达基因中是否存在硝酸盐转运蛋白的基因表达，为进一步研究硝酸盐转运通道提供了有益的实验支持。课题组克服了许多困难终于得到 3 个个体配对的腮腺、下颌下腺标本，随后使用基因芯片技术及蛋白表达技术分析不同个体间腮腺、下颌下腺基因表达的差异。通过对不同个体腮腺、下颌下腺基因表达差异的分析发现，差异基因主要涉及癌基因、Wnt 信号通路、阴离子转运体、黏蛋白合成等基因。基因芯片结果显示腮腺和下颌下腺在离子和蛋白转运方面差异的功能基因只有内向整流钾通道 KCNJ15，有机阴离子转运蛋白 SLCO1A2、SLC13A5 以及氯离子通道 CFTR[4]，这些具有差异的离子通道都不具有硝酸盐转运蛋白通道的特点。随后，研究团队又通过腮腺和下颌下腺基因表达谱，进一步寻找这些非差异基因中是否存在着硝酸盐转运蛋白基因的表达，并初步锁定 *Sialin* 和水通道蛋白 6（AQP6）为候选基因。但如何建立它们与硝酸盐的转运关系呢？

当时，国内外有关哺乳动物中硝酸盐转运体系的研究报道非常少，仅有一个相关研究报道在哺乳动物中 AQP6 表现出硝酸盐通道的特性。研究报道，AQP6 在哺乳动物细胞的表达均定位于细胞内的囊泡膜上，但在 AQP6 的 N 端加上一个绿色荧光蛋白（GFP）标记后，它可以在哺乳动物细胞膜上表达[4]。膜片钳研究发现，即使没有酸性环境或 Hg^{2+} 的刺激，AQP6 对硝酸盐也有独特的选择性，而研究发现 AQP6 即使在 pH 7.4 时对硝酸盐也有高通透性。AQP6 不仅具有转运无机阴离子的能力，还具有转运有机阴离子的能力，这表明 AQP6 具有多种离子转运能力[5]。此外，AQP6 不能被已知的阴离子通道阻滞剂（如 DIDS、NPPB、DPC 和尼氟灭酸）抑制[4]。回顾前期电生理结果，唾液腺细胞膜上的硝酸盐转运通道主动摄取硝酸盐的能力表现为 pH 依赖的特征，以及与 H^+ 协同转运的特性。因此，AQP6 不作为优先验证的基因。

Sialin 属于从植物到高等生物高度保守的膜转运体主要协同转运蛋白超家族（MFS）中的一个亚家族——阴阳离子共转运体（ACS），该家族还包括植物高亲和力硝酸盐转运蛋白、抗药蛋白等。Sialin 最初被认为是位于细胞内溶酶体膜上的唾液酸 /H^+ 的共转运体[6]。而且，在当时，关于 Sialin 是否在人腮腺和下颌下腺中表达尚无报道。为了确定唾液腺中介导硝酸盐 /H^+ 共转运的分子，王松灵院士课题组通过基因芯片技术对腮腺和下颌下腺基因表达谱进行分析，发现 MFS 家族中唾液酸转运蛋白 Sialin 编码基因 *SLC17A5* 在腮腺、下颌下腺均为高表达，并且是能够被阴离子通道阻滞剂 DIDS 特异性抑制的阴离子 /H^+ 共转运体[1,7]。然而 Sialin 是否具有硝酸盐转运功能？又该怎么建立它们与硝酸盐的转运关系呢？没有论据支持其相关性，无法进行深入研究，大家一筹莫展，再次陷入痛苦和彷徨中。

4. 硝酸盐转运通道 Sialin 的验证　放弃此课题真是不甘心，可以先放一放，但是不能放弃。于是王松灵院士课题组建立了测定细胞内外硝酸盐浓度的方法，尝试通过干扰 RNA 的方法沉默编码 Sialin 的基因 *SLC17A5*，观察其对唾液腺细胞转运硝酸盐的影响。功夫不负有心人，经过长期艰苦的摸索，课题组发现沉默 *SLC17A5* 基因，唾液腺细胞转运硝酸盐的能力明显下降，并且是特异性影响硝酸盐的转运，而对其他离子（如 K^+、Na^+、Cl^-）的转运无明显影响。此外，沉默 *SLC17A5* 基因，在 pH 正常以及酸性条件下，HSG 细胞硝酸盐膜电流显著下降。Sialin- 硝酸盐关联的阳性结果同时得到了美方电生理的验证。这一关联的确定，提供了 Sialin 是硝酸盐转运通道的预实验依据，给课题组带来进一步探讨 Sialin 转运硝酸盐的希望和曙光。进一步在体外实验发现在 HSG 细胞中，Sialin 以 $2NO_3^-/H^+$ 共转运的形式转运硝酸盐，明确了 Sialin 转运硝酸盐、亚硝酸盐的机制。

随后，研究团队观察了 Sialin 在全身中的分布，通过定量 PCR 发现在全身组织中，Sialin 在腮腺和大脑表达最高，在肝脏、肾脏、胃和脾等重要脏器中均为高表达。免疫组织化学染色发现 Sialin 特异性表达在浆液性腺泡，且在基底膜表达最强。Sialin 在腺泡细胞的分布规律进一步支持 Sialin 作为硝酸盐转运通道的解剖学基础。最早发现 Sialin 分布在溶酶体膜上，不同的突变类型会导致 Sialin 蛋白在细胞内的定位发生改变，进而使得溶酶体运输唾液酸的能力改变。研究发现 Sialin 的 del 268-272 位点发生突变转染 Hela 细胞，使得大部分 Sialin 蛋白停留在高尔基体上而不能正常转运到溶酶体膜上[8]。溶酶体膜蛋白由高尔基体到达溶酶体膜存在两种形式：一种是内吞体（endosome）形式，由高尔基体先到达内质网再到达溶酶体膜；另一种是胞吞形式（endocytic route），通过细胞膜间接到达溶酶体膜[9]。这表明溶酶体膜不是 Sialin 蛋白分布的唯一位置，分析 Sialin 蛋白序列也并没有发现它具有定位于溶酶体的经典信号肽序列[6]。此外，研究还发现 Sialin 蛋白表达于原代培养的神经元细胞膜上，而与溶酶体膜特有的溶酶体膜蛋白 -1（LAMP-1）并不重叠[10]。这些研究结果提示 Sialin 不仅是溶酶体膜蛋白，在细胞中还具有其他定位及更多的功能。为了进一步验证 Sialin 的表达位置，研究团队进行免疫组织化学双染色，发现 Sialin 不仅能与 LAMP-1 共染，同时与细胞膜特异性 Na^+-K^+-Cl^- 离子通道也共染，进一步提供了 Sialin 在细胞膜表达的有力证据。这些研究结果也提示，Sialin 不仅是唾液腺细胞转运硝酸盐的离子通道，而且是全身调节硝酸盐代谢的重要通路。

然而要说明 Sialin 转运硝酸盐最有说服力的证据是在 SLC17A5 突变的人体进行硝酸盐负载实验，或者建立 SLC17A5 敲除动物模型。为此王松灵院士课题组又开始寻找 SLC17A5 突变的患者以及建立 SLC17A5 条件敲除动物模型。历经各种困难，费尽周折终于在美国国立卫生研究院（NIH）获得了 2 位唾液酸贮积症（SASD）SLC17A5 基因突变（SialinR39C、SialinH183R）的患者的成纤维细胞，并经过一系列电生理功能实验进一步证明 Sialin 转运硝酸盐的功能。研究发现，与健康志愿者相比，2 位患者的成纤维细胞 pH 依赖的 NO_3^- 和 SA 电流显著降低，而不改变其电流 - 电压特征。将 SialinH183R 突变转染至健康志愿者的成纤维细胞中，发现 Sialin 转运 NO_3^- 的功能显著下降。这一结果又更加有力地证明了 Sialin 具有转运硝酸盐的功能。那么硝酸盐进入细胞后又是如何转归的呢？为此又通过测定细胞内一氧化氮浓度的方法，并经过反复实验发现硝酸盐进入细胞内可转化为一氧化氮。这些证据揭示了 Sialin- 硝酸盐 - 一氧化氮的关联性，进而明确了细胞转运硝酸盐可通过一氧化氮发挥生理作用[1]。

随后，我们撰写论文、反复修改，经历了多次投稿被拒等一次次失败和挫折，最终将论文投至 *PNAS*，编辑审稿后要求我们修改论文，并补充人体体内实验。虽然研究团队也认识到补充人体体内实验将会进一步夯实最新发现，但是面临着许多现实问题：① SASD 患者的表型和基因型呈现多样性，在全球确诊的患者非常少，而且大多数患者是有严重发育缺陷和整体健康状况不佳的儿童；②成人型 SASD 主要在芬兰人群中多发，且新生儿逐渐表现为智力障碍；③快速进展型婴儿 SASD 发病更为严重，虽然没有地域限制，但是在儿童早期甚至子宫内胚胎发生死亡。于是，王松灵院士课题组采用长期积累的基因转导技术，通过分别转导 SialinH183R（实验组）和野生型 Sialin（对照组）腺病毒至小型猪腮腺导管，进一步验证了之前的发现。功夫不负有心人！在全课题组的共同努力下，大家终于怀着忐忑的心情等到了转导 SialinH183R 腺病毒的小型猪腮腺转运硝酸盐功能显著下降的阳性结果[1]，回答了审稿人的所有问题，经第三次修改后，论文终于被采用！

课题组执着的追求、艰辛的研究、不懈的坚持总算有了个圆满的结果：首次发现了哺乳动物唾液腺上皮细胞膜上的硝酸盐转运通道 Sialin，打通了硝酸盐 - 亚硝酸盐 - 一氧化氮转化关键的通道，成为口腔医学领域中对生理学及医学的一个贡献（图 2-2-1）！

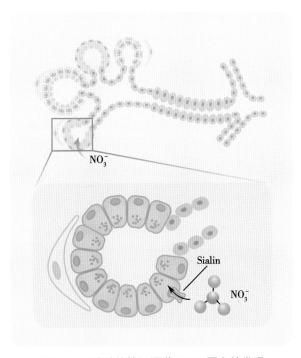

图 2-2-1 硝酸盐转运通道 Sialin 蛋白的发现

基于模式器官唾液腺中腮腺上皮细胞膜上硝酸盐转运通道，经过此通道将血液中的硝酸盐转运到细胞内，并可进一步转化成一氧化氮发挥重要的生物学作用。

（二）硝酸盐转运通道 Sialin 的研究意义

著名生理学和药理学专家瑞典卡罗林斯卡学院的 Lundberg 教授同期在 *PNAS* 发表专题评述，认为该研究成果是硝酸盐 - 亚硝酸盐 - 一氧化氮通路中核心的发现（the central first step for nitrate to NO），对机体一氧化氮生理代谢及临床应用有重要意义。为进一步研究该通道在人类各组织、器官的功能及其在全身性疾病的作用，以及对疾病的防治提供了可能[11]。

二、Sialin 的功能及机制研究

Sialin 是由 495 个氨基酸组成，拥有 12 个跨膜结构，氨基端（N 端）和羧基端（C 端）位于细胞质侧，负责转运阴离子的蛋白质[6]（图 2-2-2）。Sialin 编码基因 *SLC17A5* 突变会导致 SASD[6]。SASD 是一种常染色体隐性遗传性疾病，可导致神经系统、颌面部、外分泌腺、肝脏、胰腺、肾脏等发育异常[6,12-14]。根据 *SCL17A5* 突变基因型和表型，SASD 分为轻型、重型和中间型，即成人唾液酸贮积症（SD）、婴儿唾液酸贮积症（ISSD），以及严重型 SD[12]。SD 患者 90% 为 R39C 突变，主要表现为神经系统症状，如肌张力下降、共济失调和智力障碍[6,12]。ISSD 由点突变、基因缺失、错位插入等多种突变造成，主要表现为颌面部发育异常、内脏肿大和新生儿腹水，通常出生后 2 年内死亡[12,13]。严重型 SD 症状介于 SD 和 ISSD 之间[14]。最早发现 Sialin 定位于细胞溶酶体膜上，以氢离子 / 唾液酸共转运体的形式将溶酶体内的游离唾液酸转运到细胞质，因此被命名为唾液酸转运蛋白[6,15]。随后的研究发现，Sialin 还定位于突触小泡和突触样微囊膜上，充当微囊谷氨酸和天门冬氨酸转运蛋白，传递神经兴奋信号[16]。Sialin 可以转运不同的底物，在不同的器官和组织表现出不同的底物特性[17]。Sialin 与唾液腺关系密切，在胚胎、幼年期和成体期的唾液腺中均特异性高表达，并且呈现表达量和表达位点的动态变化[18]。课题组前期研究发现，腮腺通过腺泡细胞膜上的 Sialin 主动摄取血液中的硝酸盐并分泌至唾液中，然而腮腺主动转运硝酸盐的生理意义是什么？它是否参与维持唾液腺的正常生理功能？ Sialin 又在其中发挥着什么样的功能作用呢？带着这些科学问题，在王松灵院士的带领下，课题组继续在科研道路上前行。

Sialin 有 12 个跨膜结构域，C 端和 N 端位于细胞质侧。小圆圈表示氨基酸残基，粉色小圆圈指引起唾液酸贮积症的常见基因突变位点，数字表示氨基酸在 Sialin 中的位置。

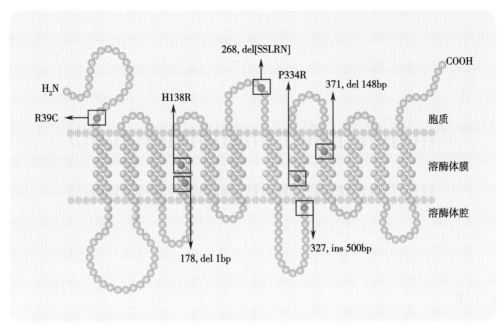

图 2-2-2 *SLC17A5* 结构图

（一）硝酸盐上调 Sialin 防治唾液腺放射损伤

唾液腺放射损伤是临床头颈部肿瘤放射治疗最常见的并发症[19]，由其引起的唾液分泌过少、口干、吞咽困难等症状严重影响患者的生活质量，但目前尚无有效的治疗方法[20]。王松灵院士课题组通过建立小型猪腮腺放射损伤模型，证实外源性补充硝酸盐能够有效预防腮腺放射损伤。体内实验发现，饮水中添加硝酸盐与放射组对比，腮腺内 Sialin 表达水平显著升高，唾液流率及体重增加，腮腺内具有正常的腺泡结构及数量，未出现组织纤维化及明显的炎症反应。在体外采用人腮腺上皮细胞研究发现，硝酸盐与 Sialin 相互作用形成硝酸盐-Sialin 反馈环路，硝酸盐促进腺泡细胞 Sialin 的表达，Sialin 进一步转运更多的硝酸盐进入细胞，进而激活 EGFR-AKT-MAPK 信号通路促进唾液腺腺泡细胞增殖，抑制凋亡，减轻放射损伤[21]（图 2-2-3）。硝酸盐有望成为防治唾液腺放射损伤的新方法。

（二）Sialin 参与调控线粒体自噬

在前期研究的基础上，王松灵院士课题组发现 Sialin 除了具有转运硝酸盐的功能，还具有调控线粒体自噬的功能。研究发现，硝酸盐可以通过降低放射后的活性氧自由基[22]以及恢复线粒体膜电位（MMP）、保护线粒体功能[23]等多种途径保护唾液腺的正常组织结构，促进唾液腺分泌功能的恢复。这些结果也提示线粒体可能是硝酸盐放射保护作用的关键亚细胞器。近年来越来越多的研究表明，线粒体 DNA 由于缺乏组蛋白的保护而成为放射损伤的主要靶细胞器[24]。放射引起线粒体受损后导致细胞内 AMP/ATP 比率增加，进而激活线粒体自噬[25,26]。线粒体自噬是通过溶酶体降解途径对受损线粒体进行质量控制，以维持线粒体稳态。研究发现，在缺血情况下，适当激活线粒体自噬有利于细胞存活、维持细胞所需能量和稳态，但过度或者长时间的线粒体自噬会导致神经元细胞坏死和凋亡[27]。因此，线粒体自噬可能是硝酸盐防治唾液腺放射损伤的重要靶点。在前期研究基础上，进一步在体外培养人腮腺上皮细胞，建立上皮细胞放射损伤模型发现，线粒体自噬水平的增加是引起上皮细胞放射损伤的关键因素，硝酸盐通过上调线粒体 Sialin 的表达调控放射引起的上皮细胞过度的线粒体自噬。那么 Sialin 又是如何参与调控线粒体自噬的呢？研究团队随后又对 Sialin 进行细胞定位分析，首次发现部分 Sialin 位于线粒体，且硝酸盐能够显著促进放射后上皮细胞线粒体 Sialin 的表达。Sialin 是位于腺泡细胞膜的跨膜转运蛋白[1]，由细胞外、跨膜、细胞内 3 段结构域组成。因此，研究团队推测 Sialin 可能存在非依赖转运体的功能。随后，通过免疫共沉淀联合质谱检测分析 Sialin 是否存在蛋白结合功能，结果提示 Sialin 与线粒体自噬蛋白 FKBP8 存在相互作用。FKBP8 属于 FK506 结合蛋白家族蛋白，位于线粒体外膜，能够募集微管相关蛋白轻链 3（LC3）至受损的线粒体，引起线粒体自噬[28,29]。这提示硝酸盐可能通过促进上皮细胞内线粒体 Sialin 的表达，与 FKBP8 相互作用，使放射引起的线粒体自噬增加，进而减轻上皮细胞放射损伤（图 2-2-4）。

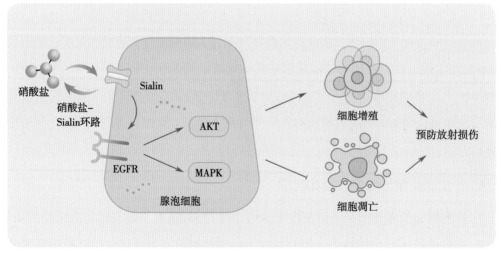

图 2-2-3 硝酸盐上调 Sialin 防治唾液腺放射损伤

硝酸盐与 Sialin 形成反馈环路，激活 EGFR-AKT-MAPK 信号通路促进唾液腺腺泡细胞增殖，
抑制凋亡，减轻放射损伤。

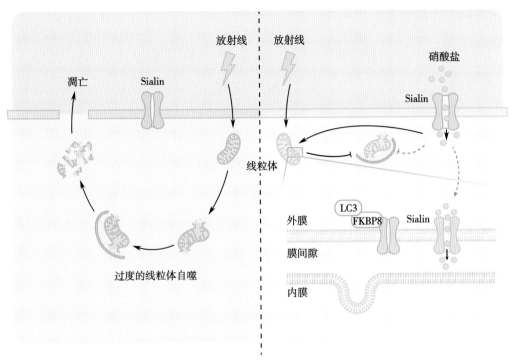

图 2-2-4 Sialin 参与调控线粒体自噬

硝酸盐通过促进上皮细胞内线粒体 Sialin 的表达，与 FKBP8 相互作用，
调节放射引起的线粒体自噬的过度增加，进而减轻上皮细胞放射损伤。

（三）Sialin 参与细胞代谢，维持细胞稳态

硝酸盐在生理以及病理条件下均可以改善线粒体功能[30]。在正常人体肌肉中，硝酸盐可以增强线粒体的氧效应进而提高运动能力[30]。在缺血再灌注造成的心肌损伤中，硝酸盐通过改善线粒体功能，降低心肌组织缺血再灌注损伤[31]。此外，在多柔比星导致的心功能异常心室中，硝酸盐通过稳定线粒体复合体 I 的活性及氧化磷酸化能力、改善线粒体功能，降低多柔比星导致的心室功能损伤[32]。颌骨及关节畸形、缺损在临床上极为常见，间充质干细胞的应用是口腔颌面再生中优秀的"种子细胞"。在前期研究的基础上，最新的发现表明硝酸盐可以显著提高间充质干细胞 Sialin 的表达水平，Sialin 作为细胞膜硝酸盐转运体，在各种生理功能中发挥着不可或缺的作用。在 Sialin 全敲小鼠模型中观察到，小鼠骨形成障碍、骨髓间充质干细胞成骨分化潜能降低、衰老水平提高、功能稳态失衡。功能缺失及功能获得试验证实，Sialin 部分表达于间充质干细胞的线粒体中，可通过调控间充质干细胞的线粒体功能和能量代谢，增强成骨分化潜能，降低衰老水平。王松灵院士课题组首次揭示，Sialin 通过调节 STAT3 线粒体转位，激活线粒体代谢的新机制。研究结果有助于开发靶向调控线粒体代谢，延缓细胞衰老，维持细胞及

机体功能稳态的新手段。

（四）Sialin 参与细胞间信号转导、上皮 - 间充质转化

越来越多的证据表明，Sialin 除了行使转运功能，还有其他功能参与维持细胞稳态。在甲状腺癌细胞中发现，Sialin 参与上皮 - 间充质转化、调控细胞增殖。在骨髓间充质干细胞、人腮腺上皮细胞以及人胚胎肾细胞上发现，Sialin 具有信号转导功能等。

📑 参考文献

[1] QIN L Z, LIU X B, SUN Q F, et al. Sialin (SLC17A5) functions as a nitrate transporter in the plasma membrane. Proc Natl Acad Sci U S A, 2012, 109(33): 13434-13439.

[2] XIA D S, DENG D J, WANG S L. Destruction of parotid glands affects nitrate and nitrite metabolism. J Dent Res, 2003, 82(2): 101-105.

[3] XIA D S, DENG D J, WANG S L. Alterations of nitrate and nitrite content in saliva, serum, and urine in patients with salivary dysfunction. J Oral Pathol Med, 2003, 32(2): 95-99.

[4] IKEDA M, BEITZ E, KOZONO D, et al. Characterization of aquaporin-6 as a nitrate channel in mammalian cells. Requirement of pore-lining residue threonine 63. J Biol Chem, 2002, 277(42): 39873-39879.

[5] LIU K, KOZONO D, KATO Y, et al. Conversion of aquaporin 6 from an anion channel to a water-selective channel by a single amino acid substitution. Proc Natl Acad Sci U S A, 2005, 102(6): 2192-2197.

[6] VERHEIJEN F W, VERBEEK E, AULA N, et al. A new gene, encoding an anion transporter, is mutated in sialic acid storage diseases. Nat Genet, 1999, 23(4): 462-465.

[7] SUN Q F, SUN Q H, DU J, et al. Differential gene expression profiles of normal human parotid and submandibular glands. Oral Dis, 2008, 14(6): 500-509.

[8] AULA N, JALANKO A, AULA P, et al. Unraveling the molecular pathogenesis of free sialic acid storage disorders: altered targeting of mutant sialin. Mol Genet Metab, 2002, 77(1/2): 99-107.

[9] YAROVAYA N, SCHOT R, FODERO L, et al. Sialin, an anion transporter defective in sialic acid storage diseases, shows highly variable expression in adult mouse brain, and is developmentally regulated. Neurobiol Dis, 2005, 19(3): 351-365.

[10] AULA N, KOPRA O, JALANKO A, et al. Sialin expression in the CNS implicates extralysosomal function in neurons. Neurobiol Dis, 2004, 15(2): 251-261.

[11] LUNDBERG J O. Nitrate transport in salivary glands with implications for NO homeostasis. Proc Natl Acad Sci U S A, 2012, 109(33): 13144-13145.

[12] AULA N, SALOMÄKI P, TIMONEN R, et al. The spectrum of SLC17A5-gene mutations resulting in free sialic acid-storage diseases indicates some genotype-phenotype correlation. Am J Hum Genet, 2000, 67(4): 832-840.

[13] MYALL N J, WREDEN C C, WLIZLA M, et al. G328E and G409E sialin missense mutations similarly impair transport activity, but differentially affect trafficking. Mol Genet Metab, 2007, 92(4): 371-374.

[14] BIANCHERI R, VERBEEK E, ROSSI A, et al. An Italian severe Salla disease variant associated with a SLC17A5 mutation earlier described in infantile sialic acid storage disease. Clin Genet, 2002, 61(6): 443-447.

[15] RUIVO R, ANNE C, SAGNÉ C, et al. Molecular and cellular basis of lysosomal transmembrane protein dysfunction. Biochim Biophys Acta, 2009, 1793(4): 636-649.

[16] MIYAJI T, ECHIGO N, HIASA M, et al. Identification of a vesicular aspartate transporter. Proc Natl Acad Sci U S A. 2008, 105(33): 11720-11724.

[17] SHAO Z Y, WATANABE S, CHRISTENSEN R, et al. Synapse location during growth depends on glia location. Cell, 2013, 154(2): 337-350.

[18] LARIDON B, CALLAERTS P, NORGA K. Embryonic expression patterns of Drosophila ACS family genes related to the human sialin gene. Gene Expr Patterns, 2008, 8(4): 275-283.

[19] SCIUBBA J J, GOLDENBERG D. Oral complications of radiotherapy. Lancet Oncol, 2006, 7(2): 175-183.

[20] VISSINK A, MITCHELL J B, BAUM B J, et al. Clinical management of salivary gland hypofunction and xerostomia in head-and-neck cancer patients: successes and barriers. Int J Radiat Oncol Biol Phys, 2010, 78(4): 983-991.

[21] FENG X Y, WU Z F, XU J J, et al. Dietary nitrate supplementation prevents radiotherapy-induced xerostomia. Elife, 2021, 10: e70710.

[22] CHANG S M, HU L, XU Y P, et al. Inorganic nitrate alleviates total body irradiation-induced systemic damage by decreasing reactive oxygen species levels. Int J Radiat Oncol Biol Phys, 2019, 103(4): 945-957.

[23] LI S Q, AN W, WANG B, et al. Inorganic nitrate alleviates irradiation-induced salivary gland damage by inhibiting pyroptosis. Free Radic Biol Med, 2021, 175: 130-140.

[24] LIVINGSTON K, SCHLAAK R A, PUCKETT L L, et al. The role of mitochondrial dysfunction in radiation-induced heart disease: from bench to bedside. Front Cardiovasc Med, 2020, 7: 20.

[25] KAM W W, BANATI R B. Effects of ionizing radiation on mitochondria. Free Radic Biol Med, 2013, 65: 607-619.

[26] ZHANG D Y, WANG W, SUN X J, et al. AMPK regulates autophagy by phosphorylating BECN1 at threonine 388. Autophagy, 2016, 12(9): 1447-1459.

[27] HOU K, XU D, LI F Y, et al. The progress of neuronal autophagy in cerebral ischemia stroke: mechanisms, roles and research methods. J Neurol Sci, 2019, 400: 72-82.

[28] EDLICH F, LÜCKE C. From cell death to viral replication: the diverse functions of the membrane-associated FKBP38. Curr Opin Pharmacol, 2011, 11(4): 348-353.

[29] SHIRANE-KITSUJI M, NAKAYAMA K I. Mitochondria: FKBP38 and mitochondrial degradation. Int J Biochem Cell Biol, 2014, 51: 19-22.

[30] LARSEN F J, SCHIFFER T A, BORNIQUEL S, et al. Dietary inorganic nitrate improves mitochondrial efficiency in humans. Cell Metab, 2011, 13(2): 149-159.

[31] OMAR S A, WEBB A J, LUNDBERG J O, et al. Therapeutic effects of inorganic nitrate and nitrite in cardiovascular and metabolic diseases. J Intern Med, 2016, 279(4): 315-336.

[32] ZHU S G, KUKREJA R C, DAS A, et al. Dietary nitrate supplementation protects against Doxorubicin-induced cardiomyopathy by improving mitochondrial function. J Am Coll Cardiol, 2011, 57(21): 2181-2189.

03

拨云见日

　　既然口腔中唾液里高浓度硝酸盐是生理现象，那么这么高浓度的硝酸盐有没有生理功能？如果有，到底有什么生理功能呢？机体食用高浓度硝酸盐的饮食，硝酸盐经胃肠道吸收入血后，循环到全身有没有独特的生理作用？机体病变时硝酸盐有无改变？能否通过补充硝酸盐来防治机体疾病，尤其是慢性系统性疾病？带着这些问题，课题组进行了系列专题研究，有不少以前没有想到、没有认识到的新发现。

第一节　对消化系统的保护作用

消化系统由消化管和消化腺两大部分组成。消化管包括口腔、咽、食管、胃、小肠和大肠等。消化腺有小消化腺和大消化腺两种，大消化腺包括唾液腺、肝脏和胰腺，小消化腺散在于消化管各部的管壁内。硝酸盐对消化系统中的胃、小肠、结肠、胰腺、肝脏、唾液腺等均具有保护作用，对消化系统其他器官的生理保护作用及机制目前在研究探索中。

一、硝酸盐对胃肠的保护作用

膳食中的硝酸盐经口腔摄入后，由消化道吸收进入循环系统。胃肠道是硝酸盐作用的直接靶器官，胃肠保护也是硝酸盐对人体有益的最早证据之一。

（一）外源性硝酸盐对胃肠损伤的保护作用

参与人体循环的硝酸盐约 25% 都被唾液腺重吸收，唾液硝酸盐的浓度约为血浆硝酸盐浓度的 10～20 倍[1,2]。唾液硝酸盐进入口腔，很快被定居在舌表面的硝酸盐还原菌如韦荣球菌、金黄色葡萄球菌和表皮葡萄球菌等还原为亚硝酸盐，通过吞咽运动，亚硝酸盐进入胃内，在酸性环境下继续形成氮氧化物及 NO[3-5]。硝酸盐、亚硝酸盐的胃肠 - 唾液循环对于维持血浆硝酸盐 - 亚硝酸盐 -NO 的动态平衡具有十分重要的意义。通过硝酸盐 - 亚硝酸盐 -NO 途径，饮水中高浓度的硝酸盐可改善胃黏膜血流，增加胃黏膜厚度，减少炎症细胞浸润，进一步使胃黏膜免受化学性有害物质及缺血造成的损伤[6,7]。然而，大多数的研究集中在外源性添加较高浓度硝酸盐对胃黏膜的保护作用，当发生应激损伤时，机体是否能主动分泌硝酸盐这种保护性无机物却不得而知。

（二）应激状态下唾液硝酸盐的分泌

既然硝酸盐会调控口腔、胃肠道菌群起保护作用，那么机体在应激状态下是否会主动分泌硝酸盐呢？基于这个科学假说，课题组采用高空蹦极作为应激模型。研究邀请正常人作为志愿者，通过测定蹦极前 3h 及蹦极后即刻志愿者的血压、心率、呼吸以及血液中肾上腺素和去甲肾上腺素的含量，证实蹦极确为应激状态。同时，收集了志愿者蹦极前 3h、蹦极后即刻以及蹦极后 1h 的唾液样本，检测唾液中硝酸盐及亚硝酸盐的浓度及总量。结果表明，唾液硝酸盐水平在蹦极后即刻迅速升高达蹦极前的 5 倍，并在蹦极后 1h 持续升高至蹦极前的 33 倍；唾液亚硝酸盐水平在蹦极后即刻迅速升高至蹦极前的 7.5 倍，并在蹦极后 1h 持续维持在此水平（图 3-1-1）。这表明在应激状态下，机体会主动分泌硝酸盐并发挥作用。

（三）应激状态下硝酸盐对胃黏膜损伤的保护作用

　　既然在应激状态下，唾液腺能主动分泌硝酸盐，那么，其功能是什么？又具有什么样的作用机制呢？应激可诱发胃黏膜溃烂，导致应激性溃疡。大鼠束缚浸水应激模型是一种经典的应激性胃溃疡动物模型，其病理、生理学基础主要是胃血流下降，在应激状态下机体交感神经 - 迷走神经 - 肾上腺和下丘脑 - 垂体 - 肾上腺轴活性增强，以及肥大细胞活化、脱粒，胃黏液耗尽都会造成胃溃疡[8]。依据经典造模方法，采用大鼠束缚浸水应激模型来完成功能验证。为了明确硝酸盐对应激性胃黏膜损伤的作用，将大鼠分为假手术对照组、唾液腺导管结扎组，以及结扎组后给予硝酸盐饮水组，各组模型动物浸泡在 20℃的水中 4h。以溃疡指数，即每组胃溃疡的平均长度来评价胃溃疡的严重程度。结果发现，唾液腺导管结扎组大鼠的胃黏膜损伤最为严重，溃疡指数是对照组的 2.41 倍，胃腔内 NO 水平与对照组相比降低 61%，胃黏膜血流降低 25%。而提前给予硝酸盐饮水能够有效防止胃黏膜损伤，其损伤程度与对照组相近。饮水中加入硝酸盐显著提升了胃腔中 NO 的含量，NO 含量升高至导管结扎组的 11 倍，胃黏膜的黏液厚度增加，胃黏膜血流升高至导管结扎组的 1.6 倍。因此得出结论，硝酸盐能够通过提高胃腔内 NO 含量，增厚胃黏膜黏液，增强胃黏膜血流，从而保护胃黏膜免受应激损伤（图 3-1-2）。

　　综上所述，应激状态下，唾液腺主动转运并分泌硝酸盐形成高浓度唾液硝酸盐，随吞咽到胃肠道，通过硝酸盐 -NO 途径，增加胃肠血流，增厚胃黏液层，减少胃肠溃疡、糜烂、出血、穿孔等，达到保护胃黏膜免受应激损伤的作用。

（四）硝酸盐有效防治炎性肠病

　　肠道菌群是肠道屏障的重要组成部分，可维持肠道屏障的完整性。正常状态下，肠道菌群和宿主形成稳定平衡的微生态系统，当肠道菌群受损后，肠道抵抗力下降，导致大量病原菌入侵，上皮屏障遭到破坏，诱发神经系统、心血管系统、胃肠道系统、机体免疫、代谢等的一系列全身性疾病[9]。炎性肠病（IBD）是一组病因不明的非特异性慢

A

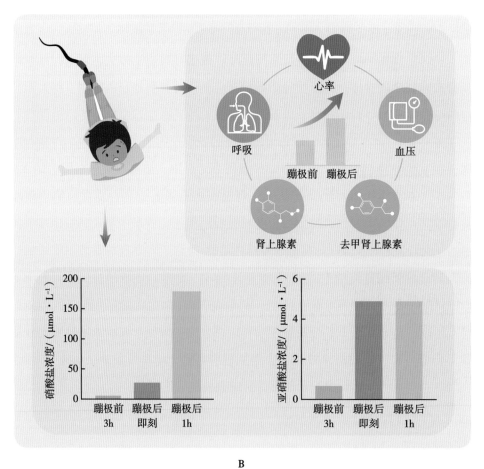

B

图 3-1-1   高空蹦极应激状态下唾液腺主动分泌硝酸盐

A. 健康志愿者高空蹦极实景图

B. 健康志愿者蹦极前后的生命体征及唾液硝酸盐、亚硝酸盐浓度变化（硝酸盐、亚硝酸盐浓度为 22 名志愿者数据的中位数）

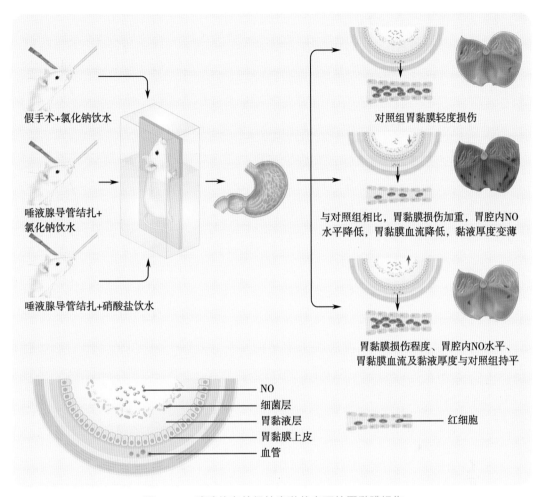

假手术+氯化钠饮水

唾液腺导管结扎+氯化钠饮水

唾液腺导管结扎+硝酸盐饮水

对照组胃黏膜轻度损伤

与对照组相比，胃黏膜损伤加重，胃腔内NO水平降低，胃黏膜血流降低，黏液厚度变薄

胃黏膜损伤程度、胃腔内NO水平、胃黏膜血流及黏液厚度与对照组持平

NO
细菌层
胃黏液层
胃黏膜上皮
血管

红细胞

图 3-1-2　硝酸盐有效保护应激状态下的胃黏膜损伤

性肠道炎性疾病，主要包括溃疡性结肠炎（UC，主要发生在直肠和结肠）和克罗恩病（CD，多见于末端回肠和邻近结肠）两种类型[2]，可能是由于免疫紊乱、菌群失衡以及遗传因素等多方面原因造成的疾病。以往的研究报道，IBD 发病人群主要以欧美国家为主，而我国 IBD 发病率不高[10,11]，然而，近年来我国 IBD 发病人数逐年增加，呈上升趋势。

目前，IBD 在我国胃肠道疾病患者中属于主要疾病，其病程长，易复发，主要表现为腹泻、腹痛、体重下降及腹部包块等，同时也是结肠癌的高危因素[12,13]。临床上 IBD 主要通过药物治疗，5- 氨基水杨酸（5-ASA）是治疗轻中度溃疡性结肠炎的一线药物[14]。糖皮质激素类药物，如布地奈德和二丙酸倍氯米松可用于治疗中重度 IBD。然而，随着 IBD 发病率逐年增加，临床治疗药物可能会给患者带来一些副作用[15,16]。因此，对于 IBD 的治疗仍需要进一步探索。

IBD 发病率与饮食密切相关，精制糖、肉类及脂肪摄入增加，纤维素摄入减少与

IBD 发病成正相关[17]。而营养疗法可以发挥维持疗效、缓解症状的作用。肠内营养物疗法（EN）主要通过两种形式：①作为基本饮食，包含氨基酸、单糖或低聚糖和中链甘油三酯等简单形式的营养物质；②作为聚合型饮食，含有全蛋白质和淀粉水解物碳水化合物，可以有效缓解 IBD 症状[18,19]。表没食子儿茶素没食子酸酯是茶多酚的主要组成成分，可以通过调控肠道菌群，上调 Akkermansia 菌的丰度，促进短链脂肪酸产生，发挥抗炎及降低氧化应激损伤的功能[20]。IL23/IL17 信号通路在 IBD 发病过程中发挥重要作用，阻断该信号通路，可能是治疗 IBD 的可行手段[21]。

王松灵院士课题组通过葡聚糖硫酸钠（DSS）诱导 IBD 小鼠模型，给予外源性硝酸盐饮水，观察其防治 IBD 的效果。实验结果显示，补充硝酸盐可显著降低疾病程度，小鼠疾病活动指数（DAI）显著下降。DSS 上调小鼠肠道 Caspase 信号通路，诱导肠道上皮细胞凋亡，而硝酸盐可有效降低凋亡水平。并且，硝酸盐可以下调肠道上皮内 IL-17 以及 MMP2 的表达，降低 DSS 导致的炎症水平。

硝酸盐不仅可通过下调炎症因子水平防治炎性肠病，也可以降低多种致病菌（bacteroidales_S24-7_group_unidentified、拟杆菌和 Prevotellaceae_UCG-001 等）的丰度，上调乳酸杆菌、瘤胃球菌科等有益菌[22]的丰度。因此，硝酸盐可以通过调节肠道菌群，降低小鼠肠道炎症水平，发挥减轻 DSS 诱导的肠道上皮凋亡，缓解 IBD 症状的作用（图 3-1-3 ）。

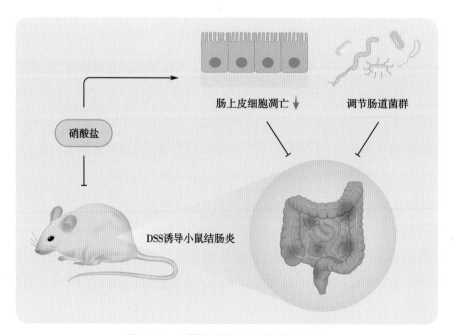

肠上皮细胞凋亡↓　　调节肠道菌群

硝酸盐

DSS诱导小鼠结肠炎

图 3-1-3　口服硝酸盐明显减轻炎性肠病

二、硝酸盐对肝脏的保护作用

（一）非酒精性脂肪性肝病

近年来，随着生活方式和饮食结构的变化，代谢综合征越来越高发，而其中炎症相关疾病，非酒精性脂肪性肝病已成为发病率较高的肝脏疾病之一，并有年轻化的趋势[23]。在美国，25% 的人患有非酒精性脂肪性肝病，目前已成为肝移植第二位的原因[24]。根据病程，非酒精性脂肪性肝病可分为单纯性脂肪肝、非酒精性脂肪性肝炎、肝纤维化、肝硬化、原发性肝癌[25]。其中，非酒精性脂肪性肝炎是此疾病进程中的关键环节，也是单纯性脂肪肝发展至肝纤维化和肝硬化的必经阶段，且一旦进展至非酒精性脂肪性肝炎，病程将很难被逆转[26]。然而目前，临床上尚未出现防治非酒精性脂肪性肝病的有效药物。

1. 硝酸盐通过调控肝内巨噬细胞稳态防治非酒精性脂肪性肝病 通过应用蛋氨酸 - 胆碱缺乏饮食（methionine-choline-deficient diet，MCD）及胆碱缺乏的高脂饮食（choline-deficient high-fat diet，CDHFD）建立小鼠非酒精性脂肪性肝病模型，提前给予硝酸盐饮水，发现口服硝酸盐可以阻止饮食诱导的非酒精性脂肪性肝病的发展，表现为缓解肝脏炎症及脂肪变性程度，降低谷丙转氨酶（图 3-1-4）、谷草转氨酶水平，降低纤维化水平。研究其机制发现，硝酸盐的保护作用主要通过调节肝内骨髓源性巨噬细胞，即降低肝内骨髓源性总巨噬细胞水平实现。继续挖掘发现，硝酸盐可以升高肝脏中抗炎型骨髓源性巨噬细胞（标志物 *Arg1*）的比例，降低促炎型骨髓源性巨噬细胞（标志物 *Inos*）的比例（图 3-1-4）。为了明确硝酸盐作用的靶细胞，首先，应用油酸刺激肝细胞使其脂肪变性，发现添加硝酸盐并不会缓解其变性程度；然后，在分离培养小鼠骨髓来源的单核细胞中，分别添加炎症因子促进其向抗炎型骨髓源性巨噬细胞及促炎型骨髓源性巨噬细胞分化。添加硝酸盐后发现，在体外环境中，硝酸盐仍可提高抗炎型骨髓源性巨噬细胞比例，促进 IL-10 分泌，同时降低促炎型骨髓源性巨噬细胞比例，抑制 TNF-α 促炎因子分泌（图 3-1-4）。这说明，硝酸盐在非酒精性脂肪性肝病模型中，主要调控肝内骨髓源性巨噬细胞而不是肝细胞发挥作用。

2. 硝酸盐通过 Sialin 调控巨噬细胞稳态 既往研究指出，硝酸盐在人体中的作用主要依赖于硝酸盐 - 亚硝酸盐 - 一氧化氮轴，并通过一氧化氮介导[27]。在此过程中，硝酸盐在口腔和胃肠道菌群作用下转化为亚硝酸盐。亚硝酸盐非常不稳定，可以通过酶促反应转化为一氧化氮[28]。然而，近年来有学者报道，黄嘌呤氧化酶介导的亚硝酸盐还原反

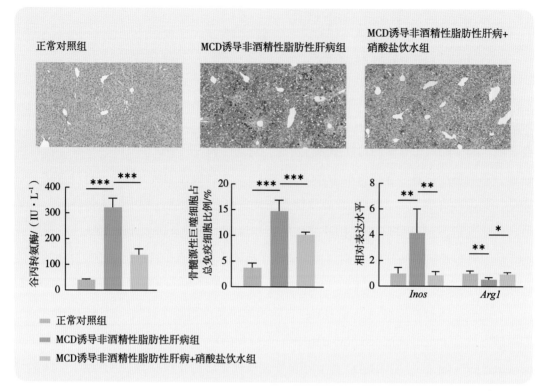

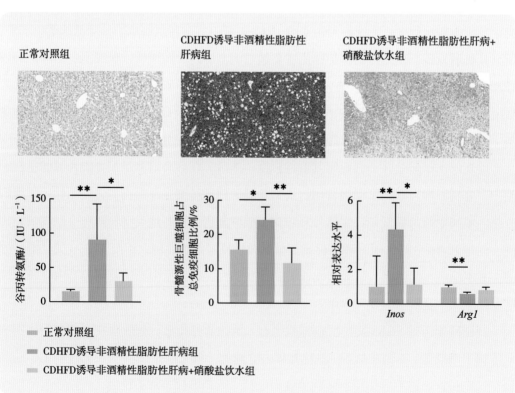

图 3-1-4　硝酸盐通过调控肝内巨噬细胞稳态防治非酒精性脂肪性肝病

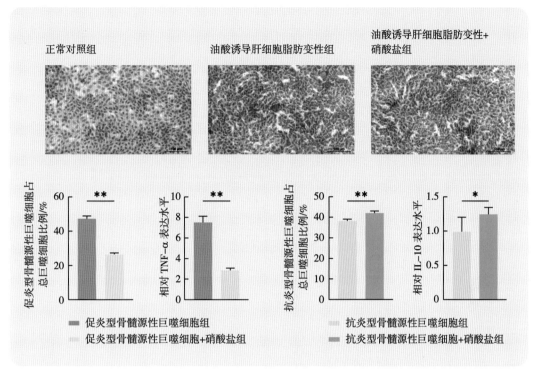

图 3-1-4（续）

应可以有效降低活化巨噬细胞效能，这可能调节炎症反应。在探究其机制时发现，单独使用亚硝酸盐并未改变细胞内的一氧化氮水平，这表明亚硝酸盐可能直接对活化的巨噬细胞发挥生物学作用，而这一现象不依赖于一氧化氮的产生[29]。也有学者报道，硝酸盐通过靶向中性粒细胞募集以抑制急性和慢性炎症，这种作用可部分缓解动脉粥样硬化斑块的炎症状态，并且可能具有临床效用[30]。这些学者提出，上述影响不能简单地归因于硝酸盐 - 亚硝酸盐 - 一氧化氮途径产生的一氧化氮，因为一氧化氮的生理半衰期很短，发挥作用有限[31]。故而，饮食中的硝酸盐如何调节免疫系统的潜在机制是值得进一步研究的关键问题。

体外细胞培养环境是无菌的，故认为不存在硝酸盐 - 一氧化氮途径，所以在体外环境中发现的硝酸盐作用可能存在其他机制。为了进一步明确硝酸盐是否可以发挥非一氧化氮的作用，选择应用广谱抗生素（broad-spectrum antibiotics，ABX）构建相对无菌小鼠[32]，并发现削弱一氧化氮的作用之后，硝酸盐仍能调控巨噬细胞预防非酒精性脂肪性肝病（图 3-1-5），说明存在潜在新机制。而此时发现硝酸盐转运蛋白 Sialin 可能与其有关，提取前期繁育的 SLC17A5 二细胞敲除小鼠[33] 的骨髓组织进行骨髓重建动物实验，同时在体外敲低 SLC17A5 进行细胞实验验证，发现减弱了 Sialin 的作用之

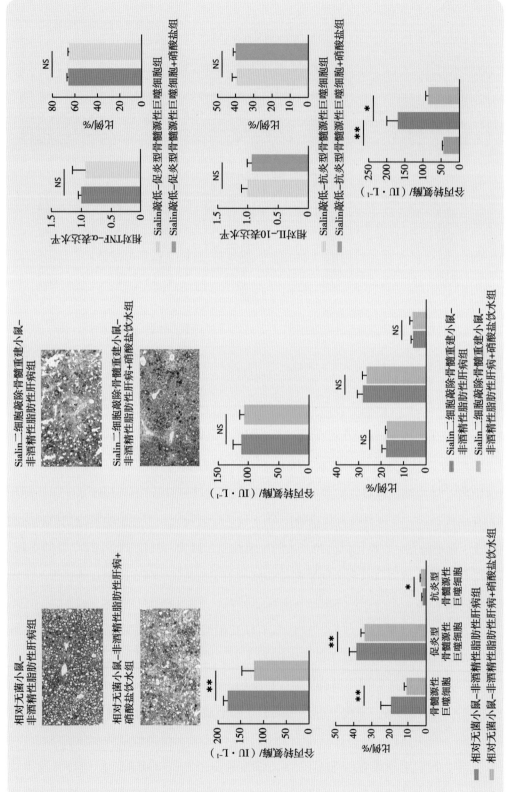

图 3-1-5　硝酸盐通过 Sialin 调控巨噬细胞预防非酒精性脂肪性肝病

后，硝酸盐调控巨噬细胞预防非酒精性脂肪性肝病作用大幅度减弱（图 3-1-5）。明确除经典的一氧化氮途径外，硝酸盐可以通过 Sialin 直接调控巨噬细胞预防非酒精性脂肪性肝病。

3. 硝酸盐通过 Sialin 调控 Ctsl-Nrf2 发挥作用　为了进一步挖掘硝酸盐如何通过 Sialin 发挥作用，应用转录组测序进行分析并验证，发现组织蛋白酶 L（cathepsin L，Ctsl）发挥关键作用，表现为在抗炎型及促炎型骨髓源性巨噬细胞中，添加硝酸盐都可导致 Ctsl 下降，而过表达 Ctsl 后硝酸盐作用被大幅度削弱。

通过 CUT&Tag 实验，发现并验证 Sialin 可能通过下调细胞核内 Rel 降低 Ctsl。根据文献报道，Ctsl 下游可负向调控 Nrf2 通路进而调控巨噬细胞[34]。经验证发现，硝酸盐可以通过非 NO 途径，即 Sialin 下调细胞核内 Rel，降低 Ctsl 从而激活 Nrf2 通路促进抗炎型骨髓源性巨噬细胞极化，抑制促炎型骨髓源性巨噬细胞极化，促进抗炎因子 IL-10 表达，抑制促炎因子 TNF-α 表达，同时可以降低抗炎型骨髓源性巨噬细胞凋亡水平并提高促炎型骨髓源性巨噬细胞凋亡水平，从而发挥防治非酒精性脂肪性肝病的作用（图 3-1-6）。

（二）酒精性脂肪性肝病

饮酒可诱发机体各器官广泛的病理改变[35]，其中酒精性肝病发病率和死亡率较高[36,37]。肝脏是机体最重要的器官之一，是许多生理过程的关键枢纽，过量饮酒损害肝脏各项生理功能，加重机体的连锁反应[38]。长期大量饮酒（每天超过 40g 乙醇）持续数月或数年，会导致 90%～100% 的人患酒精性脂肪性肝病，10%～35% 的酒精性脂肪肝患者继续长期大量饮酒会发展为酒精性脂肪性肝炎，8%～20% 的慢性重度饮酒者会发展为酒精性肝硬化。在这些肝硬化患者中，每年约 2% 发展为肝细胞癌，且近年来发病率呈逐年上升趋势[39,40]。酒精性肝病发病机制复杂，除戒酒和营养支持外，尚无国际公认的有效治疗方法[41]。酒精的成瘾性导致戒酒的成功率不高，且常常伴随着复发[42]，酒精作为死亡和残疾的重要危险因素之一，不仅危害饮酒者的身心健康，还伴随着不良经济后果，并与公共事故风险增加、工作场所生产力损失及犯罪和暴力发生率升高密切相关[43,44]。防治酒精性肝病，对社会的安全和经济的发展具有重要意义，仍需深入研究。

1. 硝酸盐有效防治酒精性脂肪性肝病　通过建立 2 种动物模型即急性饮酒模型（一次性灌胃乙醇建模）与美国国家酒精滥用与酒精中毒研究协会（National Institute on

Alcohol Abuse and Alcoholism，NIAAA）发布的经典酒精性脂肪性肝病模型（特殊饲料及乙醇灌胃建模），提前给予硝酸盐，发现硝酸盐可以显著降低酒精导致的血清高谷丙转氨酶、谷草转氨酶、高甘油三酯、高总胆固醇和高游离脂肪酸水平，显著缓解肝脏炎性浸润及脂肪变性程度（图 3-1-7）。

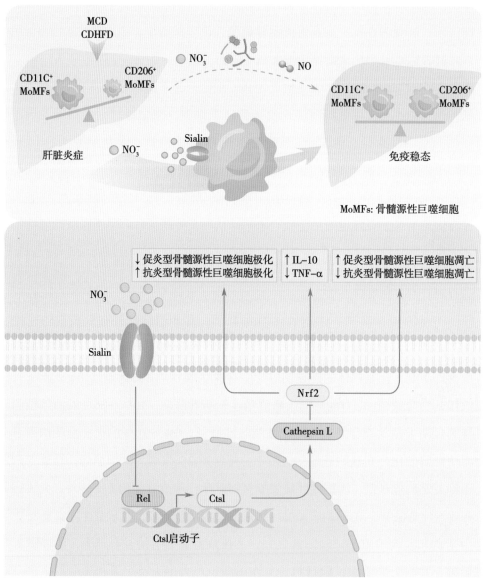

图 3-1-6　硝酸盐通过 Sialin-Ctsl-Nrf2 调控肝内巨噬细胞稳态防治非酒精性脂肪性肝病

2. 硝酸盐可能通过调控脂质代谢发挥作用　研究其机制发现，硝酸盐可以调节脂蛋白脂酶、脂联素、脂肪酸 β 氧化关键酶等改善肝脏脂质代谢从而发挥防治酒精性脂肪性肝病的作用（图 3-1-8）。

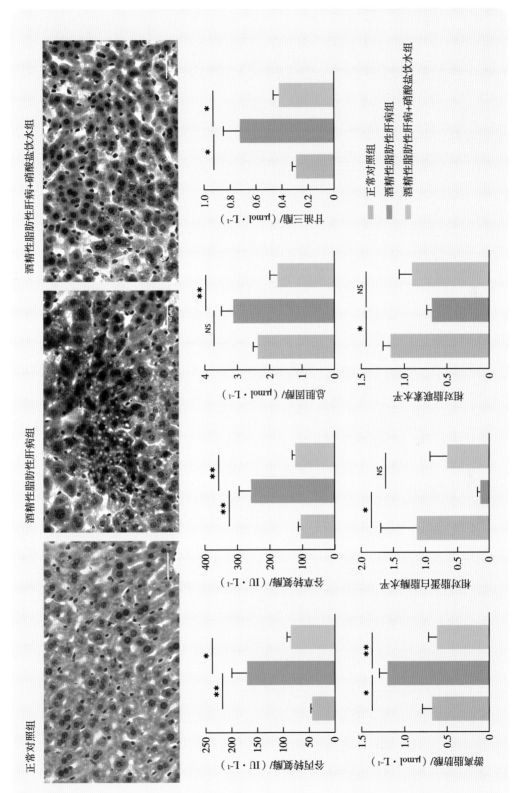

图 3-1-7 硝酸盐防治酒精性脂肪性肝病

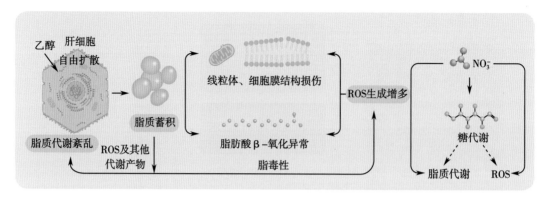

图 3-1-8　硝酸盐通过调控糖脂代谢防治酒精性脂肪性肝病

三、硝酸盐对消化系统其他器官的保护作用

NO 信号分子在糖尿病的疾病发展及治疗过程中具有重要的作用。缺乏内皮型 NO 合酶（endothelial nitric oxide synthases，eNOS）小鼠可出现代谢功能障碍，如血脂异常和葡萄糖耐量受损等[45]。与常规饮食相比，小鼠低亚硝酸盐 / 硝酸盐饮食 3 个月可显著引发内脏肥胖、血脂异常和葡萄糖耐受不良，低亚硝酸盐 / 硝酸盐饮食 18 个月可显著引起体重增加、高血压、胰岛素抵抗和乙酰胆碱引起的内皮依赖性血管舒张受损，低亚硝酸盐 / 硝酸盐饮食 22 个月则可由于心血管疾病显著导致死亡[46]。因此，膳食硝酸盐 / 亚硝酸盐对机体胰腺代谢功能具有重要意义，可能与 NO 信号分子相关。

动物实验中，腹腔注射亚硝酸盐可在生理范围内显著提高血浆内亚硝酸盐浓度，总胰腺血流、血糖及葡萄糖耐量并未改变，但胰岛血流量增加 50%，循环胰岛素水平增加 30%。在离体胰岛细胞的体外研究中发现，基础条件下，亚硝酸盐在较宽浓度范围（0.1～100mmol/L）内通过 NO/GC/cGMP 途径，促进大鼠胰岛 β 细胞分泌胰岛素，并呈现剂量依赖性[47]。通过高脂饮食和低剂量链脲佐菌素建立 2 型糖尿病大鼠模型发现，正常及糖尿病大鼠血清亚硝酸盐、硝酸盐和总 NO_x 浓度未见显著差异，饮水内添加亚硝酸盐（50mg/L）可显著促进体内血清亚硝酸盐、硝酸盐和总 NO_x 浓度增高。并且，相比于糖尿病大鼠，亚硝酸盐饮水可引起血清葡萄糖浓度及血清胰岛素升高水平降低，并显著提升因糖尿病引起的糖耐量水平降低。离体胰岛（体外）在葡萄糖刺激后，亚硝酸盐可显著改善与 2 型糖尿病相关的胰岛素分泌[48]。持续给予 db/db 糖尿病小鼠 50mg/L 亚硝酸钠饮水 4 周，db/db 小鼠体重增加较少，空腹血糖水平提高，胰岛素水平降低，并通过体外实验发现亚硝酸盐可通过恢复葡萄糖转运体 4（glucose transporters 4，GLUT4）

信号转位来改善胰岛素信号[49]。

　　补充硝酸盐可显著改善糖尿病大鼠的葡萄糖耐量和过氧化氢酶活性，并降低糖异生、空腹血糖、胰岛素，但其对葡萄糖刺激的胰岛素分泌（GSIS）、胰岛素含量、糖化血红蛋白（glycated hemoglobin，HbA1c）无显著影响。在糖尿病大鼠中，补充硝酸盐可增加糖尿病大鼠比目鱼肌和附睾脂肪组织中的 GLUT4 水平[50]。在高血糖动物模型中，膳食硝酸盐可防止收缩压和血清葡萄糖升高，改善葡萄糖耐量并恢复血脂异常[51]。

参考文献

[1] PANNALA A S, MANI A R, SPENCER J P, et al. The effect of dietary nitrate on salivary, plasma, and urinary nitrate metabolism in humans. Free Radic Biol Med, 2003, 34(5): 576-584.

[2] MCKNIGHT G M, DUNCAN C W, LEIFERT C, et al. Dietary nitrate in man: friend or foe? Br J Nutr, 1999, 81(5): 349-358.

[3] LUNDBERG J O, WEITZBERG E, GLADWIN M T. The nitrate-nitrite-nitric oxide pathway in physiology and therapeutics. Nat Rev Drug Discov, 2008, 7(2): 156-167.

[4] LARSEN F J, EKBLOM B, SAHLIN K, et al. Effects of dietary nitrate on blood pressure in healthy volunteers. N Engl J Med. 2006, 355(26): 2792-2793.

[5] BENJAMIN N O, DRISCOLL F, DOUGALL H, et al. Stomach NO synthesis. Nature, 1994, 368(6471): 502.

[6] PETERSSON J, PHILLIPSON M, JANSSON E A, et al. Dietary nitrate increases gastric mucosal blood flow and mucosal defense. Am J Physiol Gastrointest Liver Physiol, 2007, 292(3): G718-G724.

[7] JANSSON E A, PETERSSON J, REINDERS C, et al. Protection from nonsteroidal anti-inflammatory drug (NSAID)-induced gastric ulcers by dietary nitrate. Free Radic Biol Med, 2007, 42(4): 510-518.

[8] BHATIA V, TANDON R K. Stress and the gastrointestinal tract. J Gastroenterol Hepatol, 2005, 20(3): 332-339.

[9] O'HARA A M, SHANAHAN F. The gut flora as a forgotten organ. Embo Rep, 2006, 7(7): 688-693.

[10] YU Y R, RODRIGUEZ J R. Clinical presentation of Crohn's, ulcerative colitis, and indeterminate colitis: Symptoms, extraintestinal manifestations, and disease phenotypes. Semin Pediatr Surg, 2017, 26(6): 349-355.

[11] HAMDEH S, MICIC D, HANAUER S. Drug-induced colitis. Clin Gastroenterol Hepatol, 2021, 19(9): 1759-1779.

[12] NG W K, WONG S H, NG S C. Changing epidemiological trends of inflammatory bowel disease in Asia. Intest Res, 2016, 14(2): 111-119.

[13] RAN Z, WU K C, MATSUOKA K, et al. Asian Organization for Crohn's and Colitis and Asia Pacific Association of Gastroenterology practice recommendations for medical management and monitoring of inflammatory bowel disease in Asia. J Gastroenterol Hepatol, 2021, 36(3): 637-645.

[14] LE BERRE C, RODA G, NEDELJKOVIC PROTIC M, et al. Modern use of 5-aminosalicylic acid compounds for ulcerative colitis. Expert Opin Biol Ther, 2020, 20(4): 363-378.

[15] BRUSCOLI S, FEBO M, RICCARDI C, et al. Glucocorticoid therapy in inflammatory bowel disease: mechanisms and clinical practice. Front Immunol, 2021, 12: 691480.

[16] PITHADIA A B, JAIN S. Treatment of inflammatory bowel disease (IBD). Pharmacol Rep, 2011, 63(3): 629-642.

[17] HOU J K, ABRAHAM B, EL-SERAG H. Dietary intake and risk of developing inflammatory bowel disease: a systematic review of the literature. Am J Gastroenterol, 2011, 106(4): 563-573.

[18] SMITH P A. Nutritional therapy for active Crohn's disease. World J Gastroenterol, 2008, 14(27): 4420-4423.

[19] DURCHSCHEIN F, PETRITSCH W, HAMMER H F. Diet therapy for inflammatory bowel diseases: the established and the new. World J Gastroenterol, 2016, 22(7): 2179-2194.

[20] WU Z H, HUANG S M, LI T T, et al. Gut microbiota from green tea polyphenol-dosed mice improves intestinal epithelial homeostasis and ameliorates experimental colitis. Microbiome, 2021, 9(1): 184.

[21] NOVIELLO D, MAGER R, RODA G, et al. The IL23-IL17 immune axis in the treatment of ulcerative colitis: successes, defeats, and ongoing challenges. Front Immunol, 2021, 12: 611256.

[22] HU L, JIN L Y, XIA D S, et al. Nitrate ameliorates dextran sodium sulfate-induced colitis by regulating the homeostasis of the intestinal microbiota. Free Radic Bio Med, 2020, 152: 609-621.

[23] BORRELLI A, BONELLI P, TUCCILLO F M, et al. Role of gut microbiota and oxidative stress in the progression of non-alcoholic fatty liver disease to hepatocarcinoma: current and innovative therapeutic approaches. Redox Biol, 2018, 15: 467-479.

[24] DIEHL A M, DAY C. Cause, pathogenesis, and treatment of nonalcoholic steatohepatitis. N Engl J Med, 2017, 377(21): 2063-2072.

[25] DESPRES J P, LEMIEUX I. Abdominal obesity and metabolic syndrome. Nature, 2006, 444(7121): 881-887.

[26] SUZUKI A, DIEHL A M. Nonalcoholic steatohepatitis. Annu Rev Med, 2017, 68: 85-98.

[27] WITTER J P, GATLEY S J, BALISH E. Distribution of nitrogen-13 from labeled nitrate (13No3-) in humans and rats. Science, 1979, 204(4391): 411-413.

[28] BRYAN N S, IVY J L. Inorganic nitrite and nitrate: evidence to support consideration as dietary nutrients. Nutr Res, 2015, 35(8): 643-654.

[29] YANG T, PELELI M, ZOLLBRECHT C, et al. Inorganic nitrite attenuates NADPH oxidase-derived superoxide generation in activated macrophages via a nitric oxide-dependent mechanism. Free Radic Biol Med, 2015, 83: 159-166.

[30] KHAMBATA R S, GHOSH S M, RATHOD K S, et al. Antiinflammatory actions of inorganic nitrate stabilize the atherosclerotic plaque. Proc Natl Acad Sci U S A, 2017, 114(4): E550-E559.

[31] YANG T, ZHANG X M, TARNAWSKI L, et al. Dietary nitrate attenuates renal ischemia-reperfusion injuries by modulation of immune responses and reduction of oxidative stress. Redox Biol, 2017, 13: 320-330.

[32] SHI J X, WANG Y F, HE J, et al. Intestinal microbiota contributes to colonic epithelial changes in simulated microgravity mouse model. FASEB J, 2017, 31(8): 3695-3709.

[33] WU Y, ZHANG J, PENG B, et al. Generating viable mice with heritable embryonically lethal mutations using the CRISPR-Cas9 system in two-cell embryos. Nat Commun, 2019, 10(1): 2883.

[34] SATO T, YAMASHINA S, IZUMI K, et al. Cathepsin L-deficiency enhances liver regeneration after partial hepatectomy. Life Sci, 2019, 221: 293-300.

[35] MEHTA G, SHERON N. No safe level of alcohol consumption - implications for global health. J Hepatol, 2019, 70(4): 587-589.

[36] SARIN S K, KUMAR M, ESLAM M, et al. Liver diseases in the Asia-Pacific region: a Lancet Gastroenterology & Hepatology Commission. Lancet Gastroenterol Hepatol, 2020, 5(2): 167-228.

[37] GBD 2016 CAUSES OF DEATH COLLABORATORS. Global, regional, and national age-sex specific mortality for 264 causes of death, 1980-2016: a systematic analysis for the Global Burden of Disease Study 2016. Lancet, 2017, 390(10100): 1151-1210.

[38] TREFTS E, GANNON M, WASSERMAN D H. The liver. Curr Biol, 2017, 27(21): R1147-R1151.

[39] SEITZ H K, BATALLER R, CORTEZ-PINTO H, et al. Alcoholic liver disease. Nat Rev Dis Primers, 2018, 4(1): 16.

[40] BAJAJ J S. Alcohol, liver disease and the gut microbiota. Nat Rev Gastroenterol Hepatol, 2019, 16(4): 235-246.

[41] SINGAL A K, MATHURIN P. Diagnosis and treatment of alcohol-associated liver disease: a review. JAMA, 2021, 326(2): 165-176.

[42] ALBILLOS A, DE GOTTARDI A, RESCIGNO M. The gut-liver axis in liver disease: pathophysiological basis for therapy. J Hepatol, 2020, 72(3): 558-577.

[43] WITKIEWITZ K, LITTEN R Z, LEGGIO L. Advances in the science and treatment of alcohol use disorder. Sci Adv, 2019, 5(9): eaax4043.

[44] ALDRIDGE R W, STORY A, HWANG S W, et al. Morbidity and mortality in homeless individuals, prisoners, sex workers, and individuals with substance use disorders in high-income countries: a systematic review and meta-analysis. Lancet, 2018, 391(10117): 241-250.

[45] COOK S, HUGLI O, EGLI M, et al. Clustering of cardiovascular risk factors mimicking the human metabolic syndrome X in eNOS null mice. Swiss Med Wkly, 2003, 133(25/26): 360-363.

[46] KINA-TANADA M, SAKANASHI M, TANIMOTO A, et al. Long-term dietary nitrite and nitrate deficiency causes the metabolic syndrome, endothelial dysfunction and cardiovascular death in mice. Diabetologia, 2017, 60(6): 1138-1151.

[47] NYSTRÖM T, ORTSÄTER H, HUANG Z, et al. Inorganic nitrite stimulates pancreatic islet blood flow and insulin secretion. Free Radic Biol Med, 2012, 53(5): 1017-1023.

[48] GHEIBI S, BAKHTIZRZADEH F, JEDDI S, et al. Nitrite increases glucose-stimulated insulin secretion and islet insulin content in obese type 2 diabetic male rats. Nitric Oxide, 2017, 64: 39-51.

[49] JIANG H, TORREGROSSA A C, POTTS A, et al. Dietary nitrite improves insulin signaling through GLUT4 translocation. Free Radic Biol Med, 2014, 67: 51-57.

[50] GHEIBI S, JEDDI S, CARLSTRÖM M, et al. Effects of long-term nitrate supplementation on carbohydrate metabolism, lipid profiles, oxidative stress, and inflammation in male obese type 2 diabetic rats. Nitric Oxide, 2018, 75: 27-41.

[51] KALIFI S, RAHIMIPOUR A, JEDDI S, et al. Dietary nitrate improves glucose tolerance and lipid profile in an animal model of hyperglycemia. Nitric Oxide, 2015, 44: 24-30.

第二节　对心血管系统的防护作用

心血管疾病（CVD）在世界范围广泛流行，高血压、缺血性心脏病、脑卒中等是心血管疾病所致死亡的主要原因。心血管疾病的高发病率也对医疗系统造成极大负担。因此，预防心血管疾病以及避免严重不良心血管事件的发生尤为重要。本课题组研究表明硝酸盐在心血管疾病的预防和治疗中发挥多种有益的生理效应。

一、硝化脂肪酸的研究进展

自 1986 年发现内源性一氧化氮的产生及其对于血管松弛的生理作用以来，硝酸酯类药物在心血管疾病方面的应用一直延续至今[1]。但一氧化氮作为信使分子，作用时间短，溶解性强，因此更多的研究将目光转向了调节一氧化氮生成的上游物质。硝化脂肪酸（NO_2-FA）作为一氧化氮衍生物，因其依赖于炎症反应生成的特点，逐渐为更多研究者所关注（图 3-2-1）。硝化脂肪酸可通过参与多种与抗炎作用有关的信号通路调节炎症反应。

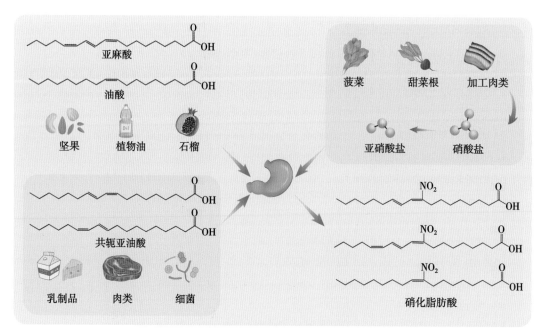

图 3-2-1　硝化脂肪酸的来源

（一）硝化脂肪酸的生成

代谢产生的一氧化氮及在病理条件下产生的氮氧化物会与蛋白质、不饱和脂肪酸和含硫醇的小分子如谷胱甘肽（GSH）发生反应生成亚硝化（RNO）或硝化（RNO$_2$）物质[2,3]。二氧化氮自由基（NO$_2$·）与不饱和脂肪酸发生硝化反应，生成亲电性的生物活性脂质。这些脂质与参与代谢、细胞信号传导和氧化还原稳态功能相关的转录调节蛋白或酶中的亲核氨基酸位点（主要是半胱氨酸）反应，形成共价迈克尔加成加合物[4]。硝化脂肪酸通过翻译后修饰（PTM）行使多种功能[5]。

不饱和脂肪酸的硝化反应产物由其结构特征决定，产物的形成很大程度上取决于不饱和脂肪酸共轭烯与非共轭烯的不同化学活性。对于不饱和双烯丙基脂肪酸的硝化目前提出两种不同的反应机制[6]。第一种机制是由自由基（OH·、OOH·、NO$_2$·）从双烯丙基碳中脱氢以产生烷基自由基。这是形成其他非酶脂质氧化产物（包括异前列腺素和氢过氧化物）的常见反应。脱氢后脂肪酸经过双键重排和分子氧（O$_2$）的插入与过氧自由基或 NO$_2$·反应，从而生成硝基烷烃 - 烯烃产物[7]。第二种机制是直接添加 NO$_2$·以产生以碳为中心的自由基。该自由基可以在有或没有 NO$_2$·的情况下进一步氧化形成亲电子硝基烯烃。与另一分子 NO$_2$·反应可形成不稳定的硝基 - 亚硝基或二硝基化合物，该化合物将迅速分解（释放 HNO$_2$）形成亲电子硝基烯烃[8]。不饱和脂肪酸的硝化取决于周围的 O$_2$ 水平。在 O$_2$ 浓度低时，硝化作用占主导地位，而在 O$_2$ 浓度高时，脂质过氧化是主要途径。尽管已观察到多种 NO$_2$-FA，但只有硝化亚油酸含量高。硝酸亚油酸（NO$_2$-LA）是小鼠研究和人体临床试验中形成的主要硝化脂肪酸。

（二）硝化脂肪酸的信号调节作用

硝化脂肪酸参与调控多种与抗炎作用相关的信号通路。硝化脂肪酸依靠其亲电性通过形成新的化学键，从而使蛋白质改变其整体结构，进而改变其功能。蛋白质的这种结构变化称为翻译后修饰（PTM）。通过对蛋白质及转录因子的翻译后修饰对基因的表达发挥作用[9]。

1. 促进 Nrf2/Keap-1 激活　转录因子 Nrf2 是一种氧化应激反应物，参与调控细胞抗氧化及细胞保护功能基因的表达。在细胞生理状态下，细胞质中 Nrf2 含量低，并与抑制剂 Keap1（kelch 样 ECH 相关蛋白）相结合以维持细胞稳态。硝化脂肪酸亲电位点可通过与 Keap-1 的半胱氨酸残基反应，形成 C-S 键，从而激活 Nrf2 并促进抗氧化反应元件（ARE）转录上调，增加 GSH 等抗氧物水平[10-12]。

2. 抑制 NF-κB　NF-κB（核因子 -κB）可以控制细胞存活、增殖及促进炎症反应[13]。其对于机体免疫反应，消除局部感染起到重要的作用。NF-κB 包含 5 个不同的亚基（p50、p65、p52、RelB、c-Rel），其中 2 个亚基形成二聚体，NF-κB 才能易位至细胞核中，结合至 DNA 并促进炎症相关基因的转录。生理状态下，在细胞质中 NF-κB 抑制蛋白（IκB）会与 NF-κB 结合，从而防止其易位至细胞核内。在收到炎症刺激信号后，IκB 激酶（IKK）会使 IκB 磷酸化，使得 IκB 降解，从而使 NF-κB 激活并发挥功能。倘若阻断这一途径，则可抑制炎症反应。

硝化脂肪酸通过与 P65 亚基半胱氨酸残基的硝基烷基化反应，从而抑制 NF-κB 与 DNA 结合[14]。在巨噬细胞受到内毒素刺激后，硝化脂肪酸可以减少 IL-6、肿瘤坏死因子（TNF-α）和单核细胞趋化蛋白 -1（MCP-1）的表达，从而抑制炎症反应。此外，硝化脂肪酸通过减少血管细胞黏附分子 -1（VCAM-1）的表达来抑制单核细胞与内皮细胞的相互作用，血管细胞黏附分子 -1 是 NF-κB 调节的靶点。

3. 促进 PPARγ　过氧化物酶体增殖物激活受体 γ（PPARγ）是一种核受体，主要在单核巨噬细胞、脂肪细胞、平滑肌细胞或内皮细胞中表达，其功能与炎症刺激应答、调节糖代谢动态平衡和脂肪细胞分化密切相关。PPARγ 可以调整外周器官脂肪的分配，减少脂肪因子表达，从而促进胰岛素敏感性增强。此外，PPARγ 在单核巨噬细胞中可促进脂质清除，同时抑制炎症介质表达，如干扰素 γ 和诱导型一氧化氮合酶（iNOS 或 NOS2）[15]。

硝化脂肪酸是 PPARγ 重要的配体。硝化脂肪酸会与 PPARγ 精氨酸和谷氨酸残基产生特异性结合[16]。PPARγ 激活刺激巨噬细胞 CD36 表达，并促进脂肪细胞分化[17]。硝化脂肪酸还可以上调编码 GLUT4、CBP-1 和 PGC-1α[18]的基因，这些基因可提高胰岛素敏感性，减少脂肪堆积和炎症因子。与药理性 PPARγ 激动剂，如噻唑烷二酮类胰岛素增敏剂罗格列酮不同，硝化脂肪酸仅作为部分激动剂[19]，可降低外周水肿、体重增加和不良心血管事件的风险。

4. 诱导热休克反应　热休克反应（heatshockresponse，HSR）是通过调控蛋白和转录因子，从而促进抗炎基因以及具有细胞保护作用基因的表达[20]。深入研究表明，HSR 是硝化脂肪酸激活的重要信号通路之一。为了启动应激反应，热休克蛋白（HSP）被诱导从而减少未折叠蛋白质的积累，缓解细胞内质网应激反应。硝化脂肪酸作用于人脐静脉内皮细胞，可促进 Nrf2 通路以及热休克因子 HSF-1 和 HSF-2 调节的靶基因的表达，其中 HSP70 的表达量是与给药量相关的[20]。其对于降低炎症反应、缓解细胞应激有着重要的作用。

（三）硝化脂肪酸的生理及治疗作用

1. 糖尿病和代谢综合征　人群中肥胖的发生率不断升高，这增加了患内分泌及代谢疾病的风险。作为 PPARγ 激动剂的噻唑烷二酮类胰岛素增敏剂——罗格列酮和吡格列酮会增加心血管和癌症的患病风险，因此这类药物在治疗 2 型糖尿病中的应用正逐渐减少[21]。具有亲电性的硝化脂肪酸在缓解葡萄糖耐受不良和胰岛素抵抗方面可以发挥良好的作用。通过瘦素受体缺陷型小鼠和肥胖大鼠模型发现，二十二碳六烯酸（DHA）的酮酯衍生物可降低血糖水平且未观察到不良反应[21]。此外，与安慰剂组相比，2 型糖尿病患者服用二十碳五烯酸（EPA）/DHA 可改善血管功能。推测硝化脂肪酸可减少氧化物的产生，从而增加血管平滑肌细胞对一氧化氮自由基（NO·）介导的血管舒张的敏感性[22]。ω-3 脂肪酸衍生的消退素 D1（RvD1）还通过消除与肥胖相关的慢性潜在炎症（降低 IL-6 表达）的同时提高脂联素水平来改善胰岛素敏感性。此外，花生四烯酸（AA）代谢物，如肝素，作为胰岛素增敏剂，可促进胰岛细胞释放胰岛素。硝化脂肪酸在缓解肥胖动物的代谢功能障碍方面已显示出一定效果。对瘦素受体缺陷型小鼠和高脂饮食喂养的小鼠进行硝化油酸（NO2-OA）治疗，可以降低葡萄糖耐量和胰岛素抵抗。尽管罗格列酮也通过 PPARγ 途径发挥功能，但是亚硝酸盐并不会出现增加体重的副作用。此外，对肥胖的 Zucker 大鼠给予硝化脂肪酸可显著降低体重，相关的血浆甘油三酯和脂质过氧化产物减少以及抗炎高密度脂蛋白增加[23]，总体上缓解了机体的胰岛素抵抗。

2. 肾脏疾病　肾炎和肾衰竭通常是糖尿病和高血压等慢性炎症性疾病导致的结果。在多柔比星诱导的局灶性肾小球硬化的小鼠模型中，NO2-OA 预处理可降低肌酐水平，缓解肾小球硬化、肾小管间质纤维化、肾脏炎症，减少尿脂质过氧化产物[24]。

在多器官内毒素血症模型中，肿瘤坏死因子 α（TNF-α）、MCP-1、细胞间黏附分子-1（ICAM-1）、VCAM-1 和前列腺素 E2（PGE2）等炎症因子的含量也在硝化脂肪酸治疗后降低。在双侧肾动脉缺血再灌注 30min 后，对使用硝化亚油酸治疗的小鼠的肾脏也起到保护作用[25]。在 NO2-OA 治疗 14d 后，肥胖的 Zucker 大鼠摄食量减少，体重增加，伴随着血浆甘油三酯显著下降，血浆游离脂肪酸几乎正常化，血浆高密度脂蛋白升高。Zucker 大鼠的蛋白尿在接受 OA-NO2 治疗后显著改善，这表明硝化脂肪酸对糖尿病起到良好的保护作用[23]。此外，Nrf2 诱导剂可保护肾细胞免受氧化应激[26]。这提示硝化脂肪酸通过激活 Nrf2/Keap-1 途径以及降低 NF-κB 依赖的基因表达保护并维持肾脏的生理功能。

3. 心血管疾病　活化的血小板、单核细胞和中性粒细胞的不良反应也可导致动脉粥样硬化进而导致血管阻塞。随后出现进行性斑块沉积、心肌梗死、外周血管疾病和脑卒中。静脉注射 NO_2-OA135 后，血管炎症减轻，其机制为白细胞黏附、NF-κB 的内皮激活和 TLR4 信号的激活。经 NO_2-LA 作用后，凝血酶刺激下的血小板聚集通过与 cAMP 升高相关的机制减少。此外，NO_2-LA 还以一种 NO·非依赖性的方式减少了血小板 P-选择素的表达，从而导致血小板黏附性降低和抗聚集性增强[27]。硝化花生四烯酸（NO_2-AA）还通过减少前列腺素内过氧化物合成酶（PGHS）依赖的血栓素 B2（TXB2）的形成来抑制血小板聚集[28]。

除了上述特征，动脉粥样硬化病变内的白细胞聚集和斑块不稳定也是中性粒细胞和血小板激活的结果[29]。重要的是，巨噬细胞被招募到斑块中，在存在活性氧的情况下，低密度脂蛋白被氧化，为巨噬细胞转化为致动脉粥样硬化的泡沫细胞提供了动力。NO_2-OA 治疗通过减少炎症细胞堆积和趋化因子的产生来减少动脉粥样硬化模型小鼠的病变形成。其机制为 NO_2-OA 阻止低密度脂蛋白（LDL）介导的 STAT1 磷酸化，从而降低巨噬细胞的脂质摄取及泡沫细胞形成[30]。

二、硝酸盐对高血压的防治作用

高血压是指在未使用降压药物的情况下，诊室收缩压≥140mmHg 和 / 或舒张压 ≥90mmHg[31]。高血压是多种心血管风险事件的重要危险因素，降低血压是高血压治疗最重要的原则和获益方式[31,32]。指南中指出，富含新鲜蔬菜、水果的饮食有利于高血压患者的血压控制[31]。绿叶蔬菜中的硝酸盐对控制血压显示出积极作用，这是绿色蔬菜促进健康的一个新的重要化学基础。

硝酸盐或富含硝酸盐的食物在高血压模型中表现出有益的生理效应。17 名健康受试者直接服用无机硝酸盐后，其舒张压和平均动脉压均有所降低[33]。健康受试者食用富含硝酸盐的甜菜根汁，也可在 3h 后发现血压显著降低[34]。68 名高血压患者在服用 250mL 富含硝酸盐的甜菜根汁后，患者的诊室血压、动态血压和家庭血压均显著降低[35]。这说明饮食补充硝酸盐可以安全、有效地降低血压，对高血压具有预防、治疗作用。而健康志愿者或者高血压患者，在连续使用抗菌漱口水后，可见血压明显升高[36]。这说明在口腔菌群的作用下，硝酸盐可以被还原为亚硝酸盐，并进一步还原成一氧化氮，在血压维持中发挥重要的生理功能。

三、硝酸盐对心肌缺血再灌注损伤的防护作用

急性心肌梗死（AMI）可能导致恶性心律失常、心源性休克、猝死等严重不良心血

管事件，是威胁人类健康的主要原因之一。再灌注治疗，如溶栓和经皮冠状动脉介入治疗，能够疏通堵塞的冠状动脉，恢复心脏组织血运，挽救缺血心脏组织，减少心肌梗死面积，改善患者预后。因此，再灌注治疗成为治疗 AMI 最有效的手段。然而，再灌注治疗本身也可对心脏组织产生损伤，即定义为心肌缺血再灌注损伤（MIRI）[37]。MIRI 主要表现为包括室性期前收缩、室性心动过速等在内的心律失常、心功能持续障碍、微血管阻塞和程序性心肌细胞死亡[38]。因此，寻找有效的防护缺血再灌注损伤的靶点和方法是目前心肌保护领域的研究热点。

几项动物研究显示，硝酸盐和亚硝酸盐对心肌缺血再灌注损伤模型具有减少梗死面积、保护神经和心脏功能等作用[39-42]。由于硝酸盐的半衰期（5～6h）比亚硝酸盐（20～30min）长得多，硝酸盐可以作为一种前体药物，促进血液和组织中亚硝酸盐含量增加、时效延长。硝酸盐 - 亚硝酸盐 - 一氧化氮（NO）途径不仅产生 NO，还产生其他活性氮物质（RNS），能够亚硝基化（—SNO）和硝基化（—NO$_2$）蛋白，从而改变其功能。从机制上看，细胞保护作用可能归因于线粒体呼吸链中复合物 I 的 S- 亚硝化作用，导致活性氧（ROS）等超氧化物形成减少；或因抑制线粒体通透性转换孔的开放，减少细胞凋亡；此外，也可参与 ATP 敏感钾通道（K$_{ATP}$）的开放[43,44]。除了这些线粒体效应，冠状动脉的血管扩张、抑制血小板聚集和白细胞黏附也可能有助于硝酸盐、亚硝酸盐和 NO 的保护作用[43,44]。硝酸盐和亚硝酸盐在心肌缺血再灌注损伤病理生理中的其他可能有益作用包括血管舒张[45]、抑制血小板聚集、抗白细胞黏附[46]、改善内皮功能[47] 以及抑制烟酰胺腺嘌呤二核苷酸磷酸氧化酶（NADPH）生成[48]（图 3-2-2）。

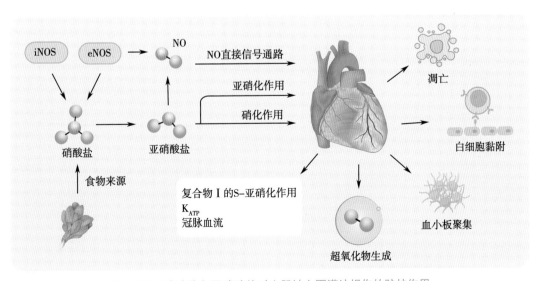

图 3-2-2　硝酸盐和亚硝酸盐对心肌缺血再灌注损伤的防护作用

　　2 项临床研究探索了在接受经皮冠状动脉介入治疗的急性心肌梗死患者中，静脉注射或冠状动脉内注射亚硝酸盐的效果。虽然静脉注射亚硝酸盐缺乏对急性心肌梗死患者的保护作用[49]，但冠状动脉内注射亚硝酸盐可对急性心律失常和 1 年后的主要不良心脏事件产生积极影响[50]。此外，在院外心脏骤停复苏期间静脉注射亚硝酸盐并没有提高住院患者的存活率[51]。在最近的一项研究中，虽然冠状动脉旁路移植术（coronary artery bypass grafting，CABG）后，硝酸盐治疗对受试者的肌钙蛋白 T 释放或心脏其他损伤生物标志物没有任何保护作用，但硝酸盐治疗的受试者围手术期出血显著减少[52]。综上所述，硝酸盐对心肌缺血再灌注损伤发挥防护作用。

四、硝酸盐对其他心血管疾病的防护作用

　　2020 年 12 月，美国心脏病学会杂志（JACC）发表了一项关于全球心血管疾病和危险因素负担的权威报道。此项研究对 1990—2019 年 204 个国家的人口健康状况进行了评估。结果显示，心血管疾病患病人数从 2.71 亿增加到 5.23 亿，增长率为 92.99%，心血管疾病死亡人数从 1 210 万增至 1 860 万，成为死亡率最高的疾病。因此，如何有效防护心血管疾病是现在面临的重大科学问题。

　　硝酸盐可以发挥类似 NO 的作用，并在 NO 缺乏的情况下挽救心血管功能[53]。在许多动物模型中，膳食硝酸盐的应用显示出对心脏的有益作用。在多柔比星诱导小鼠心功能不全模型中，给予硝酸盐可改善小鼠的左室收缩压、舒张末期压力和射血分数[54]。富含硝酸盐的甜菜根汁使心力衰竭大鼠的静息血流量和血管传导率增加，对运动期间的改善更为明显[55]。同样地，膳食硝酸盐对心力衰竭患者运动期间的改善也显示出有益的效果[56]。而且，摄入硝酸盐可以维持运动时的射血分数，并增强老年心衰患者的运动耐力[57]。因此，硝酸盐可能有望改善心力衰竭患者的生活质量。

　　此外，已有研究证实，NO 可以抑制血小板聚集与黏附，抑制白细胞聚集，从而减少血小板 - 白细胞聚集的招募与形成[58]。亚硝酸盐和硝酸盐预处理可抑制血小板聚集并延长出血时间，而在低硝酸盐饮食小鼠中却观察到相反的结果[59]。在内皮功能障碍和轻度高胆固醇血症患者中，膳食硝酸盐可减少血小板 P- 选择素的表达和血小板 - 白细胞聚集体，这有助于减少血栓形成[60]。综上所述，硝酸盐在多种心血管疾病中发挥关键的防护作用。

📑 参考文献

[1] O'DONNELL V B, EISERICH J P, CHUMLEY P H, et al. Nitration of unsaturated fatty acids by nitric

oxide-derived reactive nitrogen species peroxynitrite, nitrous acid, nitrogen dioxide, and nitronium ion. Chem Res Toxicol, 1999, 12(1): 83-92.

[2] BRYAN N S. Application of nitric oxide in drug discovery and development. Expert Opin Drug Discov, 2011, 6(11): 1139-1154.

[3] WEITZBERG E, LUNDBERG J O. Novel aspects of dietary nitrate and human health. Annu Rev Nutr, 2013, 33: 129-159.

[4] SCHOPFER F J, CIPOLLINA C, FREEMAN B A. Formation and signaling actions of electrophilic lipids. Chem Rev, 2011, 111(10): 5997-6021.

[5] TURELL L, VITTURI D A, COITIÑO E L, et al. The chemical basis of thiol addition to nitro-conjugated linoleic acid, a protective cell-signaling lipid. J Biol Chem, 2017, 292(4): 1145-1159.

[6] WOODCOCK S R, BONACCI G, GELHAUS S L, et al. Nitrated fatty acids: synthesis and measurement. Free Radic Biol Med, 2013, 59: 14-26.

[7] YIN H Y, XU L B, PORTER N A. Free radical lipid peroxidation: mechanisms and analysis. Chem Rev, 2011, 111(10): 5944-5972.

[8] PRYOR W A, LIGHTSEY J W, CHURCH D F. Reaction of nitrogen dioxide with alkenes and polyunsaturated fatty acids: addition and hydrogen-abstraction mechanisms. J Am Chem Soc, 1982, 104(24): 6685-6692.

[9] JONES A M, THOMPSON C, WYLIE L J, et al. Dietary nitrate and physical performance. Annu Rev Nutr, 2018, 38: 303-328.

[10] BATTHYANY C, SCHOPFER F J, BAKER P R, et al. Reversible post-translational modification of proteins by nitrated fatty acids in vivo. J Biol Chem, 2006, 281(29): 20450-20463.

[11] TSUJITA T, LI L, NAKAJIMA H, et al. Nitro-fatty acids and cyclopentenone prostaglandins share strategies to activate the Keap1-Nrf2 system: a study using green fluorescent protein transgenic zebrafish. Genes Cells, 2011, 16(1): 46-57.

[12] KANSANEN E, JYRKKÄNEN H K, VOLGER O L, et al. Nrf2-dependent and -independent responses to nitro-fatty acids in human endothelial cells: identification of heat shock response as the major pathway activated by nitro-oleic acid. J Biol Chem, 2009, 284(48): 33233-33241.

[13] TAK P P, FIRESTEIN G S. NF-κB: a key role in inflammatory diseases. J Clin Invest, 2001, 107(1): 7-11.

[14] CUI T, SCHOPFER F J, ZHANG J, et al. Nitrated fatty acids: endogenous antiinflammatory signaling mediators. J Biol Chem, 2006, 281(47): 35686-35698.

[15] TONTONOZ P, SPIEGELMAN B M. Fat and beyond: the diverse biology of PPARgamma. Annu Rev Biochem, 2008, 77: 289-312.

[16] LI Y, ZHANG J F, SCHOPFER F J, et al. Molecular recognition of nitrated fatty acids by PPARgamma. Nat Struct Mol Biol, 2008, 15(8): 865-867.

[17] SCHOPFER F J, LIN Y M, BAKER P R, et al. Nitrolinoleic acid: an endogenous peroxisome proliferator-activated receptor gamma ligand. Proc Natl Acad Sci U S A, 2005, 102(7): 2340-2345.

[18] GROEGER A L, CIPOLLINA C, COLE M P, et al. Cyclooxygenase-2 generates anti-inflammatory mediators from omega-3 fatty acids. Nat Chem Biol, 2010, 6(6): 433-441.

[19] BAKER P R, LIN Y, SCHOPFER F J, et al. Fatty acid transduction of nitric oxide signaling: multiple nitrated unsaturated fatty acid derivatives exist in human blood and urine and serve as endogenous peroxisome proliferator-activated receptor ligands. J Biol Chem, 2005, 280(51): 42464-42475.

[20] WOODCOCK J, SHARFSTEIN J M, HAMBURG M. Regulatory action on rosiglitazone by the U.S. Food and Drug Administration. N Engl J Med, 2010, 363(16): 1489-1491.

[21] YAMAMOTO K, ITOH T, ABE D, et al. Identification of putative metabolites of docosahexaenoic acid as potent PPARgamma agonists and antidiabetic agents. Bioorg Med Chem Lett, 2005, 15(3): 517-522.

[22] STIRBAN A, NANDREAN S, GOTTING C, et al. Effects of n-3 fatty acids on macro-and microvascular function in subjects with type 2 diabetes mellitus. Am J Clin Nutr, 2010, 91(3): 808-813.

[23] WANG H P, LIU H Y, JIA Z J, et al. Effects of endogenous PPAR agonist nitro-oleic acid on metabolic syndrome in obese Zucker rats. PPAR Res, 2010, 2010: 601562.

[24] LIU S S, JIA Z J, ZHOU L, et al. Nitro-oleic acid protects against adriamycin-induced nephropathy in mice. Am J Physiol Ren Physiol, 2013, 305(11): F11533-11541.

[25] LIU H Y, JIA Z J, SOODVILAI S, et al. Nitro-oleic acid protects the mouse kidney from ischemia and reperfusion injury. Am J Physiol Ren Physiol, 2008, 295(4): F942-949.

[26] ZHU H, ZHANG L, AMIN A R, et al. Coordinated upregulation of a series of endogenous antioxidants and phase 2 enzymes as a novel strategy for protecting renal tubular cells from oxidative and electrophilic stress. Exp Biol Med (Maywood), 2008, 233(6): 753-765.

[27] COLES B, BLOODSWORTH A, EISERICH J P, et al. Nitrolinoleate inhibits platelet activation by attenuating calcium mobilization and inducing phosphorylation of vasodilator-stimulated phosphoprotein through elevation of cAMP. J Biol Chem, 2002, 277(8): 5832-5840.

[28] TROSTCHANSKY A, BONILLA L, THOMAS C P, et al. Nitroarachidonic acid, a novel peroxidase inhibitor of prostaglandin endoperoxide H synthases 1 and 2. J Biol Chem, 2011, 286(15): 12891-12900.

[29] DELLA BONA R, CARDILLO M T, LEO M, et al. Polymorphonuclear neutrophils and instability of the atherosclerotic plaque: a causative role? Inflamm Res, 2013, 62(6): 537-550.

[30] RUDOLPH T K, RUDOLPH V, EDREIRA M M, et al. Nitro-fatty acids reduce atherosclerosis in apolipoprotein E-deficient mice. Arterioscler Thromb Vasc Biol, 2010, 30(5): 938-945.

[31] 中国高血压防治指南修订委员会，高血压联盟（中国），中华医学会心血管病学分会中国医师协会高血压专业委员会，等. 中国高血压防治指南（2018 年修订版）. 中国心血管杂志，2019，24（1）：24-56.

[32] CHOBANIAN A V, BAKRIS G L, BLACK H R, et al. The seventh report of the joint national committee on prevention, detection, evaluation, and treatment of high blood pressure: the jnc 7 report. JAMA, 2003, 289(19): 2560-2572.

[33] LARSEN F J, EKBLOM B, SAHLIN K, et al. Effects of dietary nitrate on blood pressure in healthy volunteers. N Engl J Med, 2006, 355(26): 2792-2793.

[34] WEBB A J, PATEL N, LOUKOGEORGAKIS S, et al. Acute blood pressure lowering, vasoprotective, and antiplatelet properties of dietary nitrate via bioconversion to nitrite. Hypertension, 2008, 51(3): 784-790.

[35] KAPIL V, KHAMBATA R S, ROBERTSON A, et al. Dietary nitrate provides sustained blood pressure lowering in hypertensive patients: a randomized, phase 2, double-blind, placebo-controlled study.

Hypertension, 2015, 65(2): 320-327.

[36] BONDONNO C P, LIU A H, CROFT K D, et al. Antibacterial mouthwash blunts oral nitrate reduction and increases blood pressure in treated hypertensive men and women. Am J Hypertens, 2015, 28(5): 572-575.

[37] HAUSENLOY D J, YELLON D M. Myocardial ischemia-reperfusion injury: a neglected therapeutic target. J Clin Invest, 2013, 123(1): 92-100.

[38] VANDER HEIDE R S, STEENBERGEN C. Cardioprotection and myocardial reperfusion: pitfalls to clinical application. Circ Res, 2013, 113(4): 464-477.

[39] WEBB A, BOND R, MCLEAN P, et al. Reduction of nitrite to nitric oxide during ischemia protects against myocardial ischemia-reperfusion damage. Proc Natl Acad Sci U S A, 2004, 101(37): 13683-13688.

[40] DURANSKI M R, GREER J J, DEJAM A, et al. Cytoprotective effects of nitrite during in vivo ischemia-reperfusion of the heart and liver. J Clin Invest, 2005, 115(5): 1232-1240.

[41] OMAR S A, WEBB A J, LUNDBERG J O, et al. Therapeutic effects of inorganic nitrate and nitrite in cardiovascular and metabolic diseases. J Intern Med, 2016, 279(4): 315-336.

[42] DEZFULIAN C, RAAT N, SHIVA S, et al. Role of the anion nitrite in ischemia-reperfusion cytoprotection and therapeutics. Cardiovasc Res, 2007, 75(2): 327-338.

[43] SHIVA S, SACK M N, GREER J J, et al. Nitrite augments tolerance to ischemia/reperfusion injury via the modulation of mitochondrial electron transfer. J Exp Med, 2007, 204(9): 2089-2102.

[44] CHOUCHANI E T, METHNER C, NADTOCHIY S M, et al. Cardioprotection by S-nitrosation of a cysteine switch on mitochondrial complex I. Nat Med, 2013, 19(6): 753-759.

[45] MODIN A, BJÖRNE H, HERULF M, et al. Nitrite-derived nitric oxide: a possible mediator of 'acidic-metabolic' vasodilation. Acta Physiol Scand, 2001, 171(1): 9-16.

[46] JÄDERT C, PETERSSON J, MASSENA S, et al. Decreased leukocyte recruitment by inorganic nitrate and nitrite in microvascular inflammation and NSAID-induced intestinal injury. Free Radic Biol Med, 2012, 52(3): 683-692.

[47] RODRIGUEZ-MATEOS A, HEZEL M, AYDIN H, et al. Interactions between cocoa flavanols and inorganic nitrate: additive effects on endothelial function at achievable dietary amounts. Free Radic Biol Med, 2015, 80: 121-128.

[48] CORDERO-HERRERA I, KOZYRA M, ZHUGE Z, et al. AMP-activated protein kinase activation and NADPH oxidase inhibition by inorganic nitrate and nitrite prevent liver steatosis. Proc Natl Acad Sci U S A, 2019, 116(1): 217-226.

[49] SIDDIQI N, NEIL C, BRUCE M, et al. Intravenous sodium nitrite in acute ST-elevation myocardial infarction: a randomized controlled trial (NIAMI). Eur Heart J, 2014, 35(19): 1255-1262.

[50] JONES D A, PELLATON C, VELMURUGAN S, et al. Randomized phase 2 trial of intracoronary nitrite during acute myocardial infarction. Circ Res, 2015, 116(3): 437-447.

[51] KIM F, MAYNARD C, DEZFULIAN C, et al. Effect of out-of-hospital sodium nitrite on survival to hospital admission after cardiac arrest: a randomized clinical trial. JAMA, 2021, 325(2): 138-145.

[52] ERIKSSON K E, EIDHAGEN F, LISKA J, et al. Effects of inorganic nitrate on ischaemia-reperfusion

injury after coronary artery bypass surgery: a randomised controlled trial. Br J Anaesth, 2021, 127(4): 547-555.

[53] PAULUS W J, TSCHÖPE C. A novel paradigm for heart failure with preserved ejection fraction: comorbidities drive myocardial dysfunction and remodeling through coronary microvascular endothelial inflammation. J Am Coll Cardiol, 2013, 62(4): 263-271.

[54] ZHU S G, KUKREJA R C, DAS A, et al. Dietary nitrate supplementation protects against doxorubicin-induced cardiomyopathy by improving mitochondrial function. J Am Coll Cardiol, 2011, 57(21): 2181-2189.

[55] FERGUSON S K, HIRAI D M, COPP S W, et al. Effects of nitrate supplementation via beetroot juice on contracting rat skeletal muscle microvascular oxygen pressure dynamics. Respir Physiol Neurobiol, 2013, 187(3): 250-255.

[56] COGGAN A R, LEIBOWITZ J L, SPEARIE C A, et al. Acute dietary nitrate intake improves muscle contractile function in patients with heart failure: a double-blind, placebo-controlled, randomized trial. Circ Heart Fail, 2015, 8(5): 914-920.

[57] ZAMANI P, RAWAT D, SHIVA-KUMAR P, et al. Effect of inorganic nitrate on exercise capacity in heart failure with preserved ejection fraction. Circulation, 2015, 131(4): 371-380.

[58] CHUNG A W, RADOMSKI A, ALONSO-ESCOLANO D, et al. Platelet-leukocyte aggregation induced by PAR agonists: regulation by nitric oxide and matrix metalloproteinases. Br J Pharmacol, 2004, 143(7): 845-855.

[59] PARK J W, PIKNOVA B, HUANG P L, et al. Effect of blood nitrite and nitrate levels on murine platelet function. PLoS One, 2013, 8(2): e55699.

[60] VELMURUGAN S, GAN J M, RATHOD K S, et al. Dietary nitrate improves vascular function in patients with hypercholesterolemia: a randomized, double-blind, placebo-controlled study. Am J Clin Nutr, 2016, 103(1): 25-38.

第三节　肿瘤防治及放射防护

　　硝酸盐 - 亚硝酸盐在血液和组织内有维持 NO 生理平衡的作用，发挥多种生物学效应。王松灵院士课题组的研究表明硝酸盐具有多种有益的生物学功能，包括有效预防全身伽马射线放疗辐射引起的全身性损害，预防肝脏损害和变性及唾液分泌不足，并可增强化疗药物的治疗效果。

一、化疗增敏

　　口腔鳞状细胞癌（oral squamous cell carcinoma，OSCC）的 5 年生存率在过去几十

年变化不大，化疗失败是其中的重要原因[1-3]。基于顺铂的化学疗法是晚期 OSCC 患者的一线治疗方案，特别是对于复发性或转移性 OSCC 患者[4]。不幸的是，超过 30% 的 OSCC 患者对顺铂不敏感，其他患者在经过多个化疗周期后也获得了顺铂不敏感性[5]。铂与几种化学疗法的组合已被用于治疗 OSCC 患者，然而，药物组合的使用增加了不可预测的严重副作用的发生概率，包括肝肾毒性、胃肠道和血液毒性以及免疫细胞功能受损[6]，严重降低了铂类化学疗法的效果并导致化疗失败。因此，开发有效提高化疗敏感性同时降低化疗副作用的策略是肿瘤化疗的持续挑战。

（一）一氧化氮与化疗增敏

硝酸盐是全身生成一氧化氮的来源[7]，合成的硝酸盐作为一氧化氮的供体，可提供连续高浓度的一氧化氮，具有作为抗肿瘤药的潜力，可增强化疗药物的治疗效果，其有益效果取决于肿瘤的微环境[8]。与多柔比星联用时，硝化甘油即使在低剂量（0.1nmol/L）下也能减少肿瘤的生长[9]，硝普钠（1mmol/L）可刺激 T 细胞淋巴瘤细胞凋亡[10]。一氧化氮供体（DETA/NO）增强了顺铂（cisplatin）介导的头颈部鳞癌的细胞毒性[11]，顺铂（1mg/kg）与 10μmol/L DETA/NO 联合使用减少了裸鼠异种移植黑色素瘤的体积[12]。这些 NO 供体药物的化疗增敏作用与血浆硝酸盐 / 亚硝酸盐水平的变化及 AKT 的活化有关。随着高脂饮食大鼠硝酸盐 / 亚硝酸盐水平的增加，磷酸化 AKT（phosphorylated AKT，pAKT）减少[13]，这表明硝酸盐参与了 pAKT 信号传导途径。

AKT 磷酸化与多种因素有关，其中发育及 DNA 损伤反应调节基因 1（REDD1）被认为是其上游重要的调节基因。REDD1 是一种与修复 DNA 损伤密切相关的目的基因，可以保护某些细胞类型免受顺铂诱导的 DNA 损伤[14]。2002 年，其首次被鉴定为 mTOR 活性抑制所必需的上游阻遏物和 mTOR 信号的重要调节剂[15]。REDD1 最初被鉴定为一种应激反应基因，可响应缺氧和氧化应激而被诱导[16]，但随后被证明也可响应糖皮质激素治疗、营养剥夺[17]和其他压力如化疗等条件[18]而被诱导。可以确定的是 REDD1 对暴露于诸如化疗药物等应激因素的响应，而在表达 REDD1 的细胞中 AKT 磷酸化明显增加，从而提高了对化疗药物的耐药性，这表明 AKT 活化参与细胞存活[19-21]。顺铂诱导的 DNA 损伤修复被认为与化疗耐药有关。那么，硝酸盐是否可以改善 OSCC 细胞中顺铂的化学敏感性呢？课题组通过初步的研究表明，硝酸盐通过降低 REDD1 的表达水平并激活 AKT 从而增加 OSCC 细胞和异种移植肿瘤对顺铂的化学敏感性。

（二）硝酸盐对口腔鳞癌化疗增敏作用的体内外实验研究

通过 OSCC 的体外和体内实验，检测了 *REDD1* 在硝酸盐联合顺铂化疗对 OSCC 的体内外作用机制，探讨了在 OSD 条件下硝酸盐对顺铂化疗增敏与 REDD1/AKT 信号通路的关系。

1. 硝酸盐对小鼠移植瘤顺铂化疗的影响　为了探索硝酸盐对 OSCC 顺铂化疗增敏的体内作用，将 CAL27 细胞和 SCC Ⅶ细胞分别皮下注射到裸鼠和 C3H 小鼠腋背部来建立异种移植瘤模型。提供新鲜配制的含有硝酸盐的饮用水，腹腔注射顺铂，结果表明硝酸盐有提高顺铂抑制移植瘤生长的作用（图 3-3-1）。

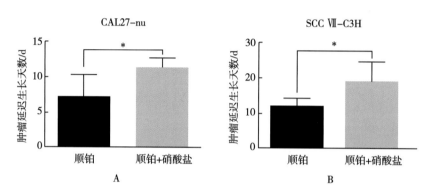

图 3-3-1　硝酸盐和顺铂联合治疗抑制 OSCC 移植肿瘤的增殖
A. 裸鼠　B. C3H 小鼠

2. 硝酸盐联合顺铂对 OSCC 细胞系的增殖抑制作用　在氧血清剥夺（oxygen-serum deprivation，OSD）条件下培养 CAL27 和 SCC Ⅶ细胞系，以模拟肿瘤生长的体内环境，进一步研究硝酸盐对 OSCC 细胞顺铂化疗增敏的体外作用，结果发现顺铂 - 硝酸盐联合治疗对 OSCC 细胞增殖的抑制作用比单独应用顺铂强，硝酸盐增强了顺铂对 OSCC 细胞增殖的抑制作用，增强了顺铂诱导的 OSCC 细胞凋亡，增强了顺铂诱导的 OSCC 细胞周期阻滞。降低的 *REDD1* 水平可使细胞对凋亡敏感，而 *REDD1* 水平升高会使细胞对凋亡刺激不敏感[22]。与单独的顺铂联合使用相比，顺铂与硝酸盐联合应用比单独应用顺铂作用于 OSD 细胞凋亡率更高，表明硝酸盐增加了顺铂在 OSD 条件下对 OSCC 细胞的抑制作用。联合使用顺铂 - 硝酸盐处理比单独应用顺铂导致更多的细胞在 G_2/M 期被阻滞（图 3-3-2）。

3. 硝酸盐通过 REDD1/AKT 信号通路发挥对 OSCC 细胞系的化疗增敏作用　研究表明，*REDD1* 可以防止顺铂诱导的 DNA 损伤，而 *REDD1* 的表达降低与癌细胞中顺铂敏感性增加有关[14]。课题组检测了 REDD1/AKT 信号通路，结果表明硝酸盐联合处理抑

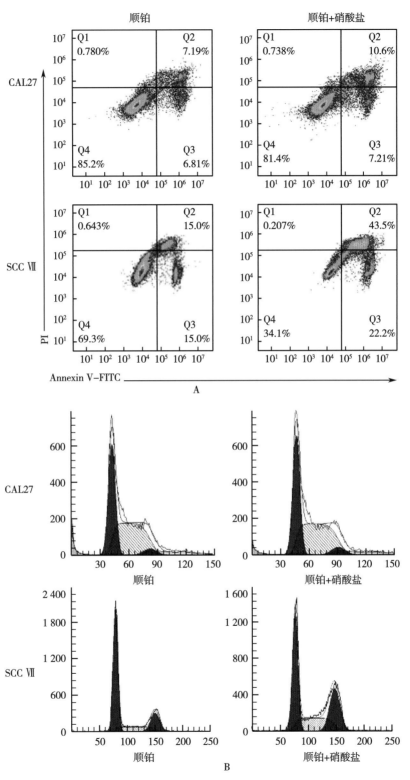

图 3-3-2　顺铂联合硝酸盐对 OSCC 细胞系的增殖抑制作用
A.硝酸盐增加了顺铂诱导的细胞凋亡　B.联合使用顺铂-硝酸盐加重了细胞周期阻滞

制顺铂诱导的 *REDD1* 表达，可能与硝酸盐对顺铂化疗敏感性增加有关。同时，降低的 *REDD1* 表达与降低的 pAKT 表达相关，从而提高了顺铂的化学敏感性。阻断 AKT 信号通路可以改善化疗药物的抗肿瘤活性[15,23,24]。在表达 *REDD1* 的癌细胞中抑制 AKT 磷酸化可以增加其对化疗药物的敏感性[14]。因此，抑制 *REDD1* 和 pAKT 的药物可能会使癌细胞对顺铂更敏感。为了验证硝酸盐通过 REDD1/AKT 途径增强了顺铂对 OSCC 增殖的抑制作用，用 *REDD1* siRNA 转染细胞，敲低 *REDD1* 显著延迟了 AKT 活化并抑制了细胞增殖。当 *REDD1* 被敲低后时，硝酸盐对 *REDD1* 表达和对顺铂抑制 OSCC 生长的影响较小。用 AKT 的小分子抑制剂 perifosine 阻断 AKT 活化也可以显著延迟 pAKT 表达，当 AKT 活化被 perifosine 阻断时，硝酸盐对顺铂抑制 OSCC 生长的影响较小。这些结果表明，硝酸盐通过 REDD1/AKT 途径增强顺铂对 OSCC 生长的抑制。

4. 硝酸盐对顺铂化疗器官的保护作用　为了验证化疗期间硝酸盐对器官的保护作用，取顺铂化疗结束后小鼠各器官，包括心、肝、肾、胃、肠及下颌下腺，进行 HE 染色，结果显示硝酸盐的应用减轻了顺铂引起的心、肝、肾的器官毒性（图 3-3-3），并减轻了顺铂对胃、肠、下颌下腺的器官损伤。

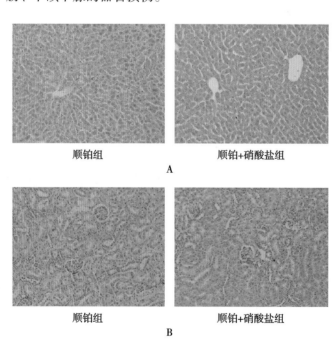

图 3-3-3　硝酸盐的应用对顺铂引起的肝、肾器官毒性影响

A. 硝酸盐减轻了化疗引起的肝毒性，包括减轻了部分肝小叶外周肝细胞的脂肪变性、肝细胞索排列紊乱（80%）和肝淤血（10%）

B. 硝酸盐减轻了肾间质内的充血水肿及肾小管上皮细胞水肿

（三）硝酸盐化疗增敏的信号通路

体内外研究表明，硝酸盐在一定条件下确实发挥化疗增敏作用，其机制与 REDD1/AKT 信号通路的抑制有关。

1. *REDD1* 可调节多种癌症的化疗敏感性　*REDD1* 可以保护多种类型的癌细胞免受顺铂诱导的 DNA 损伤，并且其过表达降低了顺铂的化疗敏感性[14]。在卵巢癌细胞中，*REDD1* 的上调与顺铂的化疗耐药性增加相关[20]。硝酸盐的联合处理可以通过降低 OSCC 中 *REDD1* 的表达来增加顺铂的化疗敏感性，该结果与先前研究的发现一致，即顺铂化疗敏感性的降低与 REDD1 表达增加是相关的[24]。用顺铂处理的 OSCC 细胞中 *REDD1* 表达上调，并且硝酸盐可以使顺铂诱导的 *REDD1* 表达降低。*REDD1* 响应多种转录因子而表达，包括 P53、P63、激活转录因子 4、SP1 和 HIF-1[25]。硝酸盐可生成一氧化氮[7]，一氧化氮通过改变其构象和功能参与 P53 的调控[26]，并通过稳定 HIF-1α 诱导 HIF-1 活化[27]。据报道，一氧化氮可显著调节 *REDD1* 的表达[28]，但是潜在的分子机制仍然不清楚。

2. *REDD1* 参与硝酸盐顺铂化疗增敏　缺氧是实体瘤中的一种众所周知的现象，导致其对化学疗法和放射疗法有抗性。在低氧的微环境中，通过限制蛋白质合成来减少氧化代谢和启动 ATP 保护可保护癌细胞，表现为对顺铂的化疗抗性和放疗抗性[29,30]。针对缺氧，顺铂耐药的胃癌细胞暴露于顺铂时表达较高的 HIF-1α 和 pAKT，并且对 AKT 的特异性抑制降低了 HIF-1α 的表达，从而增强了顺铂耐药细胞对顺铂的敏感性[31]。低氧诱导的 PI3K/AKT/mTOR 途径的活化促进了低氧诱导的顺铂耐药性[32]。*REDD1* 过表达可以通过 REDD1/AKT/mTOR 途径对应激下的细胞产生保护作用[24]。*REDD1* 水平降低可使细胞对凋亡敏感，而该蛋白水平升高使细胞对凋亡刺激不敏感[22]。*REDD1* 的高表达减弱了顺铂化疗的效果，是通过 HSC/mTOR 通路下游底物的转录，即降低 4E-BP1 和 S6K 磷酸化而促进化疗诱导的细胞凋亡。*REDD1* 减少后 pAKT 的减少也可能与硝酸盐增加低氧肿瘤细胞对顺铂的敏感性有关。此外，硝酸盐通过抑制细胞生长和加重细胞周期阻滞，恢复了癌细胞对顺铂诱导的细胞凋亡的敏感性，并降低了 *REDD1* 的保护作用。在低氧代谢途径中，这些反应的机制可能与 NO 可以抑制 HIF-1α 的表达及转录活性，或者降低 HIF-1α 蛋白质的稳定性，减少 HIF-1α 蓄积，来达到化疗增敏作用，具体机制仍需要在将来的实验中得到验证。

3. 硝酸盐作为 NO 供体与化疗增敏　越来越多的证据表明饮食中的硝酸盐与致癌作

用无关[33,34]，甚至可以减少癌症的发生。硝酸盐可发挥多种生物学效应，其中抗肿瘤或者化疗增敏作用是通过多种途径或信号通路实现的。硝酸盐作为 NO 供体化合物释放的高浓度 NO 可能不仅发挥抗肿瘤作用，而且还是促进化疗增敏的重要途径[35]。NO 直接或间接通过介导调节 / 干扰基因产物的作用来逆转 NF-κB/Snail/PTEN 环路失调导致的药物 / 免疫抵抗。高浓度 NO 抑制 NF-κB 和它的靶基因 RKIP（Raf 激酶抑制蛋白）抑制子 Snail，RKIP 上调显著抑制 NF-κB 和 MAPK 通路，并加强了对 NF-κB、Snail 和 YY1 的抑制以及 RKIP 表达上调，从而抑制肿瘤细胞增殖，增强肿瘤细胞对凋亡的刺激及增强抗顺铂肿瘤细胞系对顺铂化疗的敏感性[36]。PTEN 参与 PI3K/AKT 抗凋亡途径，Snail 和 YY1 均负性调节 PTEN 表达。在肿瘤细胞中，NF-κB、Snail 和 YY1 活化后会使得 PTEN 灭活，从而促进 PI3K/AKT 促肿瘤细胞生长抗凋亡通路活化。高浓度的 NO 可诱导 PTEN 表达上调，抑制 PI3K/AKT 抗凋亡通路，并且抑制促进肿瘤细胞增生、抗凋亡的下游靶基因表达，增强化疗增敏作用（图 3-3-4）。

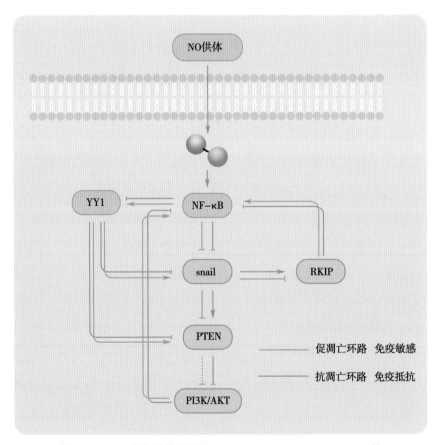

图 3-3-4　NO 供体逆转抗凋亡 NF-κB/Snail/YY1/RKIP/PTEN 的
耐药环路变成化疗增敏效应的促凋亡环路

4. NO 与其他分子反应产物结合产生化疗增敏效应 NO 通过调节 INF、IL-1、LPS 和 IFN-γ 等免疫细胞因子的水平，增强抗瘤作用，提高放化疗敏感性[37]。NO 与 O_2^- 形成亚硝酸盐（NO_2^-）和过氧亚硝基盐（$ONOO^-$），作为 DNA 氧化剂并诱导 DNA 单链断裂。同时，亚硝酸盐可影响循环 GMP（cGMP）的生产，抑制线粒体呼吸链，从而促进活性氧（reactive oxygen species，ROS）与 NO 反应生成活性氮（reactive nitrogen species，RNS），致使 NF-κB 活化受损，直接作用于 DNA 或修饰相关蛋白质调节下游信号通路从而诱导细胞凋亡（图 3-3-5）。

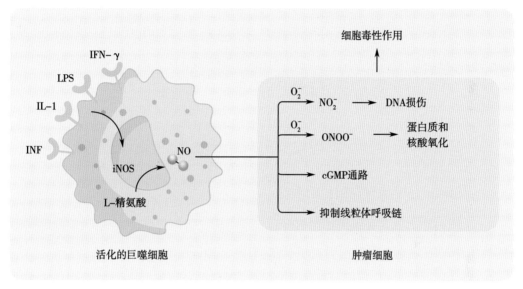

图 3-3-5 NO 合成及对肿瘤细胞的作用

5. 硝酸盐对化疗引起的器官毒性的保护作用 化疗药物可以引起肝功能损害，产生心脏、肾脏和神经毒性。硝酸盐具有化疗引起的器官保护作用，一方面，补充外源性硝酸盐可以恢复血清和肝脏中的硝酸盐水平，防止肝功能下降；另一方面，硝酸盐通过降低血压、增加微血管密度和血管扩张，降低心、肝、肾脏的损伤[38]。

综上所述，补充外源性的硝酸盐可发挥化疗增敏作用和减轻化疗药物的毒副作用，其机制仍需要进一步研究。REDD1 和 pAKT 是 OSCC 细胞顺铂化疗敏感性中必不可少的调节因子，REDD1 的表达升高可能会激活 AKT，硝酸盐可通过减少 REDD1 表达和减弱 AKT 活化来提高 OSCC 细胞的顺铂化疗敏感性。结合既往研究结果推测其机制可能是通过抑制 HIF-1α 的表达，激活 TSC/mTOR/4E-BP1/S6K 通路，从而抑制肿瘤细胞增殖，促进其细胞凋亡。通过使用硝酸盐降低 REDD1 表达可能是顺铂化疗增敏的一种新的潜在方法（图 3-3-6）。

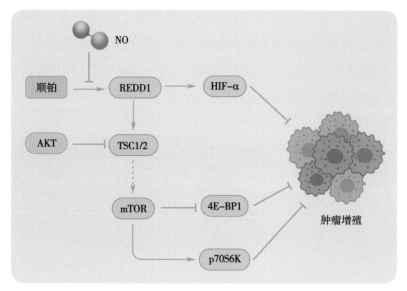

图 3-3-6   硝酸盐可能通过 NO 发挥对顺铂的化疗增敏作用的机制

二、Sialin 蛋白在甲状腺癌发生发展过程中的作用及机制

（一）Sialin 在甲状腺癌组织的表达

Sialin 蛋白在人体多种组织如中枢神经、消化道、肾脏等都有表达，在甲状腺等内分泌器官中的表达水平最高。但在甲状腺癌中，Sialin 的表达水平比癌旁组织高 2～3 倍。此外，BRAF[v600e] 突变型甲状腺癌患者癌组织中 Sialin 的 mRNA 水平明显高于 BRAF 野生型患者（图 3-3-7），Sialin 在 mRNA 层面的上调与 BRAF[v600e] 突变呈共生关系。

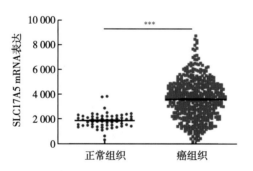

图 3-3-7   甲状腺肿瘤及癌旁组织中 Sialin 的 mRNA 表达水平

（二）Sialin 在甲状腺癌细胞中的生物学功能

在甲状腺癌细胞系 KTC-1 中敲低 Sialin 后观察到 KTC-1 细胞的增殖能力及克隆形成能力明显减弱。与此同时，在另一株甲状腺癌细胞系 BCPAP 中过表达 Sialin 后则发

现该细胞系增殖及克隆能力明显增强（图3-3-8）。在体内实验中，由上述甲状腺癌细胞模型构建的异种移植瘤相关数据也证实，敲低 Sialin 抑制了肿瘤的生长，反之过表达 Sialin 则促进了肿瘤的生长。

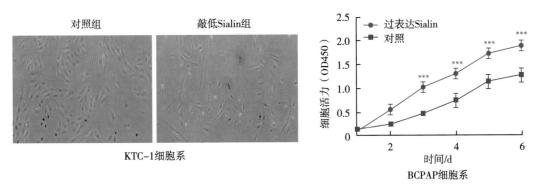

图 3-3-8　稳定敲除或过表达 Sialin 的甲状腺癌细胞系增殖能力检测

（三）Sialin 促进甲状腺癌增殖的分子机制

相关机制研究表明，在甲状腺癌细胞中敲低 Sialin 显著降低了细胞周期蛋白 CCND1 的表达，提示 Sialin 缺失后导致了细胞周期阻滞。进一步的实验表明，敲低 Sialin 抑制了 mTOR 通路的活性（图3-3-9）。mTOR 通路受多种细胞信号的调控，包括有丝分裂生长因子、胰岛素等激素、营养素（氨基酸、葡萄糖）、细胞能量水平和应激条件。在饥饿、仅有氨基酸刺激的情况下，Sialin 的缺失依然对甲状腺癌细胞中 mTOR 通路的活性表现出抑制作用。这可能提示在甲状腺癌的进展过程中，异常升高的 Sialin 克服了癌细胞因营养缺乏导致的增殖缓慢的不利情况，从而促进了甲状腺癌细胞的无限增殖及疾病进展。

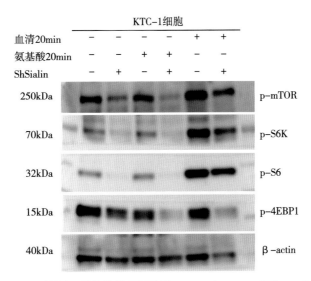

图 3-3-9　用 Western blot 检测不同营养状况下敲除 Sialin 对 KTC-1 细胞 mTOR 通路活性的影响

三、肠道肿瘤防治

结直肠癌是一种常见的肠道恶性肿瘤，其发病率和死亡率呈现逐年上升趋势，是造成人类死亡的主要原因之一[39,40]。结直肠癌的发病原因十分复杂，其发生和发展由遗传和环境因素共同引起[41-43]，其中肠道微生态和肠黏膜免疫系统的紊乱、红肉及加工肉类摄取过多、吸烟、饮酒、肥胖是主要危险因素。目前，结直肠癌的治疗方式主要有内镜治疗、手术切除、放疗、化疗、靶向治疗和免疫治疗等，但是每种治疗方式都有其局限性，比如手术治疗创伤大、肿瘤产生对化疗药物的耐药性，以及因为患者早期症状不明显，就诊时存在淋巴结转移或远端转移[44-48]。因此，寻找有效的药物降低肠道肿瘤的发病率十分重要。

硝酸盐作为食物中的天然成分，饮食中的硝酸盐经过肠黏膜吸收入血，最后通过唾液腺重吸收并分泌到唾液中至胃肠道，形成唾液腺 - 肠道循环[49]。以往的流行病学研究将硝酸盐视为致癌物，开展了一系列硝酸盐、亚硝酸盐与肿瘤发生的相关性研究。迄今为止，饮水中硝酸盐与结直肠癌发生风险之间的流行病学证据仍然十分有限[50-53]。研究团队采用偶氮甲烷联合葡聚糖硫酸钠（AOM/DSS）诱导的小鼠结肠癌模型，通过在饮水中预防性添加硝酸盐，发现对照组和硝酸盐组小鼠的体重均明显下降、粪便连续性降低和粪便潜血试验阳性。与对照组对比，硝酸盐组小鼠结肠肿瘤数量显著减少，大小显著降低。这说明硝酸盐能够显著降低结肠肿瘤的发生和发展。

通过对小鼠结肠肿瘤组织进行组织学分析发现，硝酸盐组结肠肿瘤内细胞形态异型性低于对照组，且肿瘤组织中具有增殖能力的阳性细胞数也显著减少。通过对结肠内微生物进行 16sRNA 检测，从门水平上发现硝酸盐增加了健康人群肠道中优势菌拟杆菌门（*Bacteroidetes*）、变形菌门（*Proteobacteria*）的丰度，降低了结肠癌患者肠黏膜中核心菌群厚壁菌门（*Firmicutes*）、梭杆菌门（*Fusobacteria*）的丰度。此外，中性粒细胞是一个有效的结直肠癌癌症治疗的预后指标，中性粒细胞和患者存活率显著相关。在肿瘤的周围甚至是在肿瘤内部，经常发现中性粒细胞聚集，这些中性粒细胞对肿瘤的生长有着促进作用，称为肿瘤相关的中性粒细胞（tumor associated neutrophils 或 TAN）。与传统中性粒细胞相比，肿瘤相关的中性粒细胞具有更强的免疫活性，其成熟期以及生命周期也都明显延长，是肿瘤免疫微环境的关键成员。研究团队发现，硝酸盐通过调控中性粒细胞等髓系淋巴细胞来调控小鼠结肠肿瘤中的免疫微环境。

此外，肿瘤诱导过程中硝酸盐会通过抑制肠道干细胞的功能及肠道隐窝干细胞的增殖从而维持肠上皮细胞的稳态。利用小鼠肠道类器官模型发现，硝酸盐能够维持类器官生长，并能够阻滞肿瘤的增殖。同时，硝酸盐会上调细胞凋亡、铁死亡、氧化应激水平及 PD1 等免疫治疗检查点的表达水平，这说明硝酸盐同时有增强肿瘤治疗效果的潜在作用（图 3-3-10）。

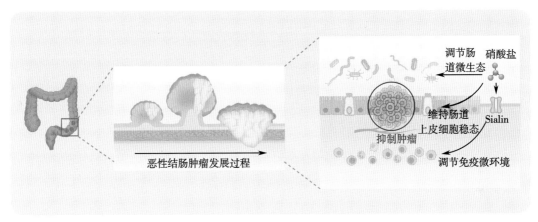

图 3-3-10　硝酸盐防治肠道肿瘤机制示意图

四、放射损伤防护

（一）放射性口干概述

头颈部恶性肿瘤（head and neck cancer，HNC）发病率较高[54]，其治疗经常需要放疗，唾液腺在头颈部解剖区域内，会不可避免地受到照射出现放射损伤，表现为放射性口干（radiation induced xerostomia）[55]。放射性口干是 HNC 放疗术后常见的并发症，猛性龋、黏膜炎等继发于放射性口干，患者的生活质量明显下降[55]。HNC 患者在放疗后 1 周就开始有口干表现，随时间延长症状逐渐加重。随访发现在放疗后 2 年及更长时间，放射性口干没有得到缓解[56]。

唾液腺腺泡上皮对放射线敏感，导管上皮对放射线相对不敏感。腺泡上皮细胞有浆液性和黏液性 2 种类型，其中浆液性腺泡上皮细胞对放射线敏感，黏液性腺泡上皮细胞对放射线相对不敏感[57]。浆液性腺泡上皮细胞是高度分化细胞，平均细胞寿命较长，细胞有丝分裂较少，理论上应该对放射线不敏感，但临床上发现腮腺这种纯浆液性腺体以及下颌下腺这种混合性腺体在放疗后很快会出现口干症状，腮腺和下颌下腺属于放射急性反应组织[57]。组织病理学可见腺体严重萎缩、腺泡结构大量丢失、组织纤维浸润明显[56]。

临床上目前对放射性口干常用人工唾液、毛果芸香碱等缓解症状，但效果有限，暂无有效方法可治疗放射性口干。实验室研究采用基因（AQP1）转导、干细胞移植、免疫抑制剂及唾液腺再生等手段来治疗放射性口干，尽管取得了一些进展，但尚未从根本上解决这一临床治疗难题[58]。

目前，临床和实验室研究均在放射性口干形成后开始治疗，疗效有限。由于浆液性腺泡上皮细胞自我更新修复速率较低，因此唾液腺被破坏后很难再生重建。如果在放疗前即开始采取措施避免放射损伤，也就是采用预防手段，能最大限度地保护唾液腺组织结构及分泌功能，这也是未来进行放射性口干防治研究的新的出发点和立足点。

（二）硝酸盐防治放射性口干

硝酸盐经胃肠道黏膜吸收入血后，可被唾液腺硝酸盐转运通道 Sialin 主动摄取并分泌至唾液中，唾液中的硝酸盐含量是血液中的 5～10 倍，Sialin 在唾液腺的表达水平最高[59,60]。但是目前并不清楚唾液腺主动转运硝酸盐，以及 Sialin 在唾液腺高表达的生理意义，推测硝酸盐 -Sialin 参与维持唾液腺的正常生理功能，硝酸盐或许可用于唾液腺放射损伤的防治。

1. 硝酸盐可预防唾液腺放射损伤　王松灵院士研究团队前期建立了模拟临床 HNC 分割放射治疗的小型猪腮腺放射损伤动物模型，即对单侧腮腺进行单次 7.5Gy、连续 7d 的照射，总生物学效应为 58Gy，与临床治疗剂量基本一致[61]。随后以此模型为基础，在分割放疗前 1 周开始外源性补充（口服）不同剂量的无机硝酸盐 [2、1、0.5、0.25mmol/（kg·d）]，1 周后对小型猪单侧腮腺进行分割照射，硝酸盐连续给药 4 个月直至观察终点，目的是观察硝酸盐能否防护唾液腺放射损伤，以及硝酸盐的防护作用是否有剂量依赖性。在整个观察周期内，最高给药剂量的硝酸盐 [2mmol/（kg·d）] 能使小型猪一直保持接近正常对照腮腺的唾液分泌能力，至放疗后 4 个月的观察终点，仍能保存 85% 左右的唾液分泌能力，其他剂量硝酸盐组 [1、0.5、0.25mmol/（kg·d）] 的唾液流率分别为放疗前的 65%、50% 和 30%，而放疗对照组的唾液流率仅为放疗前的 15% 左右。以上结果说明，预防性给予硝酸盐能有效防护唾液腺放射损伤，避免放射性口干的出现。此外，腮腺表面血流的表现与唾液流率一致，呈现显著的剂量依赖性，高剂量硝酸盐表面血流较好。放疗后 4 个月处死动物，取腺体组织称重发现，腺体的重量也与硝酸盐的给药剂量存在显著的剂量依赖性，给药剂量越高，腺体的重量越接近于正常腮腺。而在放疗后 2 个月即放疗中晚期放射损伤形成后，再外源性补充硝酸盐未发现硝酸盐有保护作用，说明只有预防性给予硝酸盐才能有效保护腮腺的分泌功能[62]。

组织学检测发现，放疗对照组腮腺组织中的腺泡细胞和腺小叶大量消失，导管不规则弯曲、扩张或闭锁，纤维组织大量炎症细胞浸润，出现非常典型的腮腺放射性损伤的组织学表现。而给予 2mmol/（kg·d）硝酸盐的腮腺组织形态与正常腮腺组织形态一致，腺泡和腺小叶完整，仅在高倍镜下观察到极少部分腺泡细胞存在空泡样变（图 3-3-11）。随着硝酸盐给药剂量的降低，腺泡细胞数目逐渐减少，纤维组织炎症细胞浸润增多，呈现明显的剂量依赖性，与唾液流率、表面血流和腺体重量的变化一致。Masson 染色结果也证实，硝酸盐剂量越高，纤维组织炎症细胞浸润越少，组织学表现更接近于正常组织。免疫组织化学染色结果显示，硝酸盐能够促进腺泡细胞增殖（ki67）、组织内微血管形成（CD31）以及 Sialin 的表达[63]。

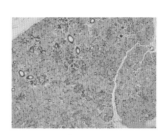
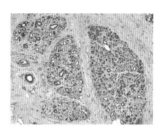

正常对照组   硝酸盐组   放疗对照组

图 3-3-11   外源性补充硝酸盐能够有效防护唾液腺放射损伤

2.硝酸盐预防唾液腺放射损伤的机制   王松灵院士研究团队发现细胞照射后 Sialin 表达明显下降，且其表达水平下降趋势与放射损伤的严重程度一致，推测 Sialin 表达水平的改变或许是导致照射后细胞生物学行为改变的原因。动物实验证实，外源性补充硝酸盐后 Sialin 表达水平显著升高，放疗后组织损伤程度较轻，硝酸盐与 Sialin 之间似乎存在着相互作用的关系。随后，我们发现硝酸盐可促进 Sialin 表达水平升高，形成硝酸盐 -Sialin 反馈环路（nitrate-Sialin feedback loop）。Sialin 能够促进细胞增殖，抑制凋亡，过表达 Sialin 能显著减轻放射损伤。进一步机制研究发现，Sialin 通过调控 EGFR-AKT-MAPK 信号通路参与促进细胞增殖和抑制凋亡。外源性补充硝酸盐通过激活 Sialin 的表达水平来增加其转运，从而激活 EGFR-AKT-MAPK 信号通路，促进细胞增殖，抑制凋亡，最终维持腺体的自我更新能力和稳态，这是硝酸盐预防放射性口干的关键机制[62]。

硝酸盐预防放射性口干的研究结果在 2021 年以封面论文的形式发表在 *eLife* 上[62]。美国约翰斯·霍普金斯大学医学院的肿瘤放射学和放射分子学部的 Harry Quon 和 Fred

Bunz 教授同期在 *eLife* 上对本论文发表评述 [63]，评价了该研究成果：无机硝酸盐给药能够预防放射性口干这一研究成果令人兴奋，无机硝酸盐成分简单，给药方式也简便，可成功解决研究成果从动物实验类推转化应用于人的障碍和不确定性，用低技术方法解决了高技术难题。

　　总之，无机硝酸盐是一种广泛存在于水和食物中的物质，WHO 已经证实硝酸盐没有致癌性。无机硝酸盐经口服给药吸收效率高，没有耐受性，没有免疫原性，没有毒副作用，用药安全、简便 [64]，非常有希望成为未来唾液腺放射损伤的全新防治模式应用于临床。

📑 参考文献

[1] THAVAROOL S B, MUTTATH G, NAYANAR S, et al. Improved survival among oral cancer patients: findings from a retrospective study at a tertiary care cancer centre in rural Kerala, India. World J Surg Oncol, 2019, 17(1): 15.

[2] Ghani W M N, Ramanathan A, Prime S S, et al. Survival of oral cancer patients in different ethnicities. Cancer Invest, 2019, 37(7): 275-287.

[3] ZHONG L P, ZHANG C P, REN G X, et al. Randomized phase Ⅲ trial of induction chemotherapy with docetaxel, cisplatin, and fluorouracil followed by surgery versus up-front surgery in locally advanced resectable oral squamous cell carcinoma. J Clin Oncol, 2013, 31(6): 744-751.

[4] VERMORKEN J B, MESIA R, RIVERA F, et al. Platinum-based chemotherapy plus cetuximab in head and neck cancer. N Engl J Med, 2008, 359(11): 1116-1127.

[5] HUANG Z X, ZHANG Y, LI H G, et al. Vitamin D promotes the cisplatin sensitivity of oral squamous cell carcinoma by inhibiting LCN2-modulated NF-κB pathway activation through RPS3. Cell Death Dis, 2019, 10(12): 936.

[6] TANZAWA H, UZAWA K, KASAMATSU A, et al. Targeting gene therapies enhance sensitivity to chemo- and radiotherapy of human oral squamous cell carcinoma. Oral Science International, 2015, 12(2): 43-52.

[7] LUNDBERG J O, GOVONI M. Inorganic nitrate is a possible source for systemic generation of nitric oxide. Free Radica Bio Med, 2004, 37(3): 395-400.

[8] NING S C, BEDNARSKI M, ORONSKY B, et al. Novel nitric oxide generating compound glycidyl nitrate enhances the therapeutic efficacy of chemotherapy and radiotherapy. Biochem Biophys Res Commun, 2014, 447(3): 537-542.

[9] FREDERIKSEN L J, SULLIVAN R, MAXWELL L R, et al. Chemosensitization of cancer in vitro and in vivo by nitric oxide signaling. Clin Cancer Res, 2007, 13(7): 2199-2206.

[10] RISHI L, DHIMAN R, RAJE M, et al. Nitric oxide induces apoptosis in cutaneous T cell lymphoma (HuT-78) by downregulating constitutive NF-kappaB. Biochim Biophys Acta, 2007, 1770(8): 1230-1239.

[11] AZIZZADEH B, YIP H T, BLACKWELL K E, et al. Nitric oxide improves cisplatin cytotoxicity in head and neck squamous cell carcinoma. Laryngoscope, 2001, 111(11 Pt 1): 1896-1900.

[12] PERROTTA C, BIZZOZERO L, FALCONE S, et al. Nitric oxide boosts chemoimmunotherapy via inhibition of acid sphingomyelinase in a mouse model of melanoma. Cancer Res, 2007, 67(16): 7559-7564.

[13] STANIMIROVIC J, OBRADOVIC M, JOVANOVIC A, et al. A high fat diet induces sex-specific differences in hepatic lipid metabolism and nitrite/nitrate in rats. Nitric Oxide, 2016, 54: 51-59.

[14] JIN H O, HONG S E, KIM J H, et al. Sustained overexpression of Redd1 leads to Akt activation involved in cell survival. Cancer Lett, 2013, 336(2): 319-324.

[15] GONG J L, ZHOU S X, YANG S H. Vanillic acid suppresses HIF-1alpha expression via inhibition of mTOR/p70S6K/4E-BP1 and Raf/MEK/ERK pathways in human colon cancer HCT116 cells. Int J Mol Sci, 2019, 20(3): 465.

[16] SHOSHANI T, FAERMAN A, METT I, et al. Identification of a novel hypoxia-inducible factor 1-responsive gene, RTP801, involved in apoptosis. Mol Cell Biol, 2002, 22(7): 2283-2293.

[17] MCGHEE N K, JEFFERSON L S, KIMBALL S R. Elevated corticosterone associated with food deprivation upregulates expression in rat skeletal muscle of the mTORC1 repressor, REDD1. J Nutr, 2009, 139(5): 828-834.

[18] LI X H, HA C T, FU D, et al. REDD1 protects osteoblast cells from gamma radiation-induced premature senescence. PLoS One, 2012, 7(5): e36604.

[19] LEE S Y, KANG H G, YOO S S, et al. Polymorphisms in DNA repair and apoptosis-related genes and clinical outcomes of patients with non-small cell lung cancer treated with first-line paclitaxel-cisplatin chemotherapy. Lung Cancer, 2013, 82(2): 330-339.

[20] CHANG B, MENG J, ZHU H M, et al. Overexpression of the recently identified oncogene REDD1 correlates with tumor progression and is an independent unfavorable prognostic factor for ovarian carcinoma. Diagn Pathol, 2018, 13(1): 87.

[21] DENNIS M D, MCGHEE N K, JEFFERSON L S, et al. Regulated in DNA damage and development 1 (REDD1) promotes cell survival during serum deprivation by sustaining repression of signaling through the mechanistic target of rapamycin in complex 1 (mTORC1). Cell Signal, 2013, 25(12): 2709-2716.

[22] SCHWARZER R, TONDERA D, ARNOLD W, et al. REDD1 integrates hypoxia-mediated survival signaling downstream of phosphatidylinositol 3-kinase. Oncogene, 2005, 24(7): 1138-1149.

[23] GUO G F, WANG Y X, ZHANG Y J, et al. Predictive and prognostic implications of 4E-BP1, Beclin-1, and LC3 for cetuximab treatment combined with chemotherapy in advanced colorectal cancer with wild-type KRAS: analysis from real-world data. World J Gastroenterol, 2019, 25(15): 1840-1853.

[24] ZENG Q H, LIU J Y, CAO P G, et al. Inhibition of REDD1 sensitizes bladder urothelial carcinoma to paclitaxel by inhibiting autophagy. Clin Cancer Res, 2018, 24(2): 445-459.

[25] WHITNEY M L, JEFFERSON L S, KIMBALL S R. ATF4 is necessary and sufficient for ER stress-induced upregulation of REDD1 expression. Biochem Biophs Res Commun, 2009, 379(2): 451-455.

[26] CHANG S M, HU L, XU Y P, et al. Inorganic nitrate alleviates total body irradiation-induced systemic damage by decreasing reactive oxygen species levels. Int J Radiat Oncol Biol Phys, 2019, 103(4): 945-957.

[27] LEE J Y, HIROTA S A, GLOVER L E, et al. Effects of nitric oxide and reactive oxygen species on HIF-1α stabilization following clostridium difficile toxin exposure of the Caco-2 epithelial cell line. Cell

Physiol Biochem, 2013, 32(2): 417-430.

[28] TURPAEV K, GLATIGNY A, BIGNON J, et al. Variation in gene expression profiles of human monocytic U937 cells exposed to various fluxes of nitric oxide. Free Radic Biol Med, 2010, 48(2): 298-305.

[29] MA T, PATEL H, BABAPOOR-FARROKHRAN S, et al. KSHV induces aerobic glycolysis and angiogenesis through HIF-1-dependent upregulation of pyruvate kinase 2 in Kaposi's sarcoma. Angiogenesis, 2015, 18(4): 477-488.

[30] OSTERGAARD L, TIETZE A, NIELSEN T, et al. The relationship between tumor blood flow, angiogenesis, tumor hypoxia, and aerobic glycolysis. Cancer Res, 2013, 73(18): 5618-5624.

[31] SUN X P, DONG X S, LIN L, et al. Up-regulation of surviving by AKT and hypoxia-inducible factor 1α contributes to cisplatin resistance in gastric cancer. FEBS J, 2014, 281(1): 115-128.

[32] GONG T X, CUI L Q, WANG H L, et al. Knockdown of KLF5 suppresses hypoxia-induced resistance to cisplatin in NSCLC cells by regulating HIF-1α-dependent glycolysis through inactivation of the PI3K/Akt/mTOR pathway. J Transl Med, 2018, 16(1): 164.

[33] BRYAN N S, ALEXANDER D D, COUGHLIN J R, et al. Ingested nitrate and nitrite and stomach cancer risk: an updated review. Food Chem Toxicol, 2012, 50(10): 3646-3465.

[34] JAKSZYN P, GONZALEZ C A. Nitrosamine and related food intake and gastric and oesophageal cancer risk: a systematic review of the epidemiological evidence. World J Gastroenterol, 2006, 12(27): 4296-4303.

[35] BIAN K, MURAD F. sGC-cGMP signaling: target for anticancer therapy. Adv Exp Med Bio, 2014, 814: 5-13.

[36] BONAVIDA B, GARBAN H. Nitric oxide-mediated sensitization of resistant tumor cells to apoptosis by chemo-immunotherapeutics. Redox Bio, 2015, 6: 486-494.

[37] LI W W, HAN W X, MA Y M, et al. P53-dependent miRNAs mediate nitric oxide-induced apoptosis in colonic carcinogenesis. Free Radic Biol Med, 2015, 85: 105-113.

[38] CARLSTRÖM M, PERSSON A E, LARSSON E, et al. Dietary nitrate attenuates oxidative stress, prevents cardiac and renal injuries, and reduces blood pressure in salt-induced hypertension. Cardiovasc Res, 2011, 89(3): 574-585.

[39] DEKKER E, TANIS PJ, VLEUGELS JLA, et al. Colorectal cancer. Lancet, 2019, 394(10207): 1467-1480.

[40] JUNG G, HERNÁNDEZ-ILLÁN E, MOREIRA L, et al. Epigenetics of colorectal cancer: biomarker and therapeutic potential. Nat Rev Gastroenterol Hepatol, 2020, 17(2): 111-130.

[41] Coker O O, Nakatsu G, Dai R Z, et al. Enteric fungal microbiota dysbiosis and ecological alterations in colorectal cancer. Gut, 2019, 68(4): 654-662.

[42] HENRIKSON N B, WEBBER E M, GODDARD K A, et al. Family history and the natural history of colorectal cancer: systematic review. Genet Med, 2015, 17(9): 702-712.

[43] SCHOEN R E, RAZZAK A, YU K J, et al. Incidence and mortality of colorectal cancer in individuals with a family history of colorectal cancer. Gastroenterology, 2015, 149(6): 1438-1445.e1.

[44] JAYANNA M, BURGESS N G, SINGH R, et al. Cost analysis of endoscopic mucosal resection vs surgery for large laterally spreading colorectal lesions. Clin Gastroenterol Hepatol, 2016, 14(2): 271-218.

[45] BONDEVEN P, HAGEMANN-MADSEN R H, LAURBERG S, et al. Extent and completeness of mesorectal excision evaluated by postoperative magnetic resonance imaging. Br J Surg, 2013, 100(10): 1357-1367.

[46] Du D L, Su Z R, Wang D, et al. Optimal interval to surgery after neoadjuvant chemoradiotherapy in rectal cancer: a systematic review and meta-analysis. Clin Colorectal Cancer, 2018, 17(1): 13-24.

[47] ANDRÉ T, BONI C, NAVARRO M, et al. Improved overall survival with oxaliplatin, fluorouracil, and leucovorin as adjuvant treatment in stage II or III colon cancer in the MOSAIC trial. J Clin Oncol, 2009, 27(19): 3109-3116.

[48] HURWITZ H, FEHRENBACHER L, NOVOTNY W, et al. Bevacizumab plus irinotecan, fluorouracil, and leucovorin for metastatic colorectal cancer. N Engl J Med, 2004, 350(23): 2335-2342.

[49] PANNALA A S, MANI A R, SPENCER J P, et al. The effect of dietary nitrate on salivary, plasma, and urinary nitrate metabolism in humans. Free Radic Biol Med, 2003, 34(5): 576-584.

[50] DELLAVALLE C T, XIAO Q, YANG G, et al. Dietary nitrate and nitrite intake and risk of colorectal cancer in the Shanghai Women's Health Study. Int J Cancer, 2014, 134(12): 2917-2926.

[51] CHAMBERS T, DOUWES J, MANNETJE A, et al. Nitrate in drinking water and cancer risk: the biological mechanism, epidemiological evidence and future research. Aust N Z J Public Health, 2022, 46(2): 105-108.

[52] KOBAYASHI J. Effect of diet and gut environment on the gastrointestinal formation of N-nitroso compounds: A review. Nitric Oxide, 2018, 73: 66-73.

[53] CARVALHO L R R A, GUIMARÃES D D, FLÔR A F L, et al. Effects of chronic dietary nitrate supplementation on longevity, vascular function and cancer incidence in rats. Redox Biol, 2021, 48: 102209.

[54] SUNG H, FERLAY J, SIEGEL R L, et al. Global cancer statistics 2020: GLOBOCAN estimates of incidence and mortality worldwide for 36 cancers in 185 countries. 2021, 71(3): 209-249.

[55] JENSEN S B, VISSINK A, LIMESAND K H, et al. Salivary gland hypofunction and xerostomia in head and neck radiation patients. J NATL Inst Monog, 2019(53): lgz016.

[56] JASMER K J, GILMAN K E, MUÑOZ FORTI K, et al. Radiation-induced salivary gland dysfunction: mechanisms, therapeutics and future directions. J Clin Med, 2020, 9(12): 4095.

[57] PEDERSEN AML, SØRENSEN CE, PROCTOR GB, et al. Salivary secretion in health and disease. J Oral Rehabil, 2018, 45(9): 730-746.

[58] MERCADANTE V, Al HAMAD A A, LODI G, et al. Interventions for the management of radiotherapy-induced xerostomia and hyposalivation: A systematic review and meta-analysis. Oral Oncol, 2017, 66: 64-74.

[59] Xia D S, Deng D J, Wang S L. Destruction of parotid glands affects nitrate and nitrite metabolism. J Dent Res. 2003, 82(2): 101-105.

[60] QIN L, LIU X, SUN Q, et al. Sialin (SLC17A5) functions as a nitrate transporter in the plasma membrane. Proc Natl Acad Sci U S A, 2012, 109(33): 13434-13439.

[61] GUO L, GAO R, XU J, et al. AdLTR2EF1α-FGF2-mediated prevention of fractionated irradiation-induced salivary hypofunction in swine. Gene Ther, 21(10): 866-873.

[62] FENG X Y, WU Z F, XU J J, et al. Elife, 2021, 10: e70710.

[63] QUON H, BUNZ F. Preventing collateral damage. eLife, 2021, 10: e74319.

[64] OMAR S A, ARTIME E, WEBB A J. A comparison of organic and inorganic nitrates/nitrites. Nitric Oxide, 2012, 26(4): 229-240.

第四节　神经系统疾病防护

硝酸盐在维持机体稳态中发挥重要作用。既往有研究认为其对机体有不利影响，然而王松灵院士课题组发现外源性补充硝酸盐在机体中可防治口腔及全身系统性疾病[1]，参与调控机体多种功能，包括调节血管张力、抗氧化、抑制炎症因子释放、调节糖代谢、预防缺血再灌注损伤[2]等。神经系统疾病保护是硝酸盐对人体稳态调控的重要部分。

一、硝酸盐 / 一氧化氮在神经系统中的作用

（一）一氧化氮在神经系统中是"双刃剑"

20 世纪中叶，大家普遍认为乙酰胆碱可以引起血管舒张[3]。随后进一步证明，这种血管舒张反应需要有血管内皮细胞同时存在。直到 1987 年，科学家发现在乙酰胆碱刺激下，血管内皮细胞通过释放 NO 引发血管舒张[4]。

NO 广泛分布于生物体内各组织中，特别是神经组织中。它是中枢神经系统中重要的信使，通过扩散作用于相邻的周围神经元，如突触前神经末梢和星形胶质细胞，之后再与鸟苷环化酶（GC）结合，通过 cGMP 介导的信号通路调节突触信号传递从而扩张血管达到治疗脑血管疾病的目的[5,6]。

有趣的是，NO 被认为是一把"双刃剑"，这意味着它可能有神经保护作用，也可能有神经毒性。在以往的研究中，NO 被认为是一种潜在的毒性分子，可能会升高氧化应激水平，导致神经元损失，引起中枢神经麻痹和痉挛。然而，另一种观点指出，生理浓度下的 NO 可诱导与学习、记忆有关的长时程增强效应（long-term potentiation，LTP）[7]，也可通过多种机制对各种神经毒性反应产生抗凋亡或促存活作用。在外周神经系统中，NO 被认为是非胆碱能、非肾上腺素能神经递质或介质，参与痛觉传入与感觉传递过程。

（二）硝酸盐是缺氧条件下一氧化氮合酶的重要替代途径

亚硝酸盐和硝酸盐通常被认为是惰性气体 NO 的代谢产物。然而，近年的研究表明，硝酸盐经外源摄入后，在体内可以转化为亚硝酸盐。无机亚硝酸盐是一种生理功能和组织对缺血反应的调节因子，而更稳定的硝酸盐阴离子（NO_3^-）在生物学上通常被认为是惰性的，最终循环生成经典的信号分子——NO，这是经典的一氧化氮合酶（NOS）的重要替代途径[8]（图 3-4-1）。

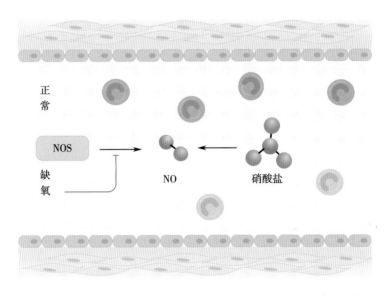

图 3-4-1 缺血缺氧下硝酸盐是 NOS 重要的替代途径，可保障 NO 产生

在心肌、神经等组织中，尤其是缺血缺氧状态下，硝酸盐的 NO 形成这种途径将大大增强，保障了氧依赖的 NOS 活性受损情况下 NO 的产生。其形成过程可抑制线粒体呼吸和线粒体衍生的活性氧形成，有助于生理缺氧血流调节等[9]。硝酸盐还可以经Sialin 转运进入细胞，使硝酸盐 / 亚硝酸盐 -NO 通路发挥作用及维持机体 NO 稳态循环。脑组织中 Sialin 转运体表达含量较高，仅次于唾液腺，提示硝酸盐在脑中的作用可能与Sialin 有关系[10]。

（三）一氧化氮合酶的类型

人体内主要有 3 种一氧化氮合酶，分为：①内皮型一氧化氮合酶（eNOS），分布于血管内皮细胞；②神经型一氧化氮合酶（nNOS），分布于人体神经元细胞；③诱导型一氧化氮合酶（iNOS），分布于人体免疫细胞如淋巴、T 细胞当中。

在大脑中，NOS 的多种结构亚型广泛存在于神经元、星形胶质细胞、脑内皮细胞等细胞中，介导左旋精氨酸生成 NO。脑血管病的内皮功能障碍及相应细胞损伤会影响 eNOS 及 nNOS 的活性[11]。

（四）硝酸盐与脑血流

NO 可以调节生理缺血血流，然而 eNOS 调节脑血管的研究就颇为复杂。科学家们曾用 eNOS 抑制剂发现其可增加总外周血管阻力，但这种内皮来源的 NO 对于不同血管的作用却并不相同。关于硝酸盐或亚硝酸盐本身是否可以直接影响脑血管及其机制鲜有报道，目前有研究通过对随机对照试验分析发现，无机硝酸盐或亚硝酸盐补充剂对脑血流量并无影响[12]。接下来应该对补充无机硝酸盐和亚硝酸盐是否可以改变脑血流量进行进一步的研究与探讨。

二、硝酸盐在脑血管病中的作用

脑血管病是全球承认主要的死亡原因之一，近年来 25 岁以上成人患病率已高达 25%。其中，中国总体的中风风险最高，是我国首位致残原因[13]。脑卒中及其并发症给患者、家庭及社会带来极大负担。溶栓和血管内血栓移除是目前仅有的急性缺血性脑卒中的治疗方法，但由于以上治疗方法受限于很窄的治疗时间窗，只有部分缺血性脑卒中患者可以受益[14]。研究表明，脑血管壁出现形态学改变之前，就可检测到内皮功能障碍等先驱病理生理改变，而后与平滑肌细胞、血细胞等在多通路中发挥作用[15]。

（一）硝酸盐代谢与缺血性脑血管病

硝酸盐代谢在缺血性脑血管病的发生发展中起着重要作用。研究表明，小鼠长期膳食中缺乏硝酸盐可导致内皮功能障碍。而脑组织缺血缺氧可代偿性地使 NO 生成增多。有研究者对全脑缺血的大鼠模型进行实验发现，硝酸盐在脑缺氧缺血、NOS 被抑制时的保护特性取决于硝酸盐的阳离子和硝酸盐浓度[16]。也有学者发现，硝酸盐 / 亚硝酸盐和 NO 在缺血性疾病中的机制可能与线粒体呼吸链、氧化应激有关[2]。亚硝酸盐通过巯基 - 亚硝基化作用对电子传递链产生抑制作用，减少再灌注后活性氧的产生，推测其对脑血管缺血再灌注改善可能发挥作用。

同时有学者发现，NO 可以通过 cGMP 通路引发肌球蛋白轻链去磷酸化和增加电导钙激活钾通道开放率而直接介导血管舒张[17]（图 3-4-2）。此外，NO 还可以影响前列腺素等的合成从而间接调节血管舒张，调控上述过程或形成新的血管和重塑小静脉血管来调节脑血管生成，改善脑卒中后神经功能的预后[18]。有学者发现在缺血再灌注损伤模型中，发挥脑血管内皮保护作用所需的亚硝酸盐剂量较低，高剂量的亚硝酸盐可能通过氧化蛋白质、脂质等产生神经毒性作用，对脑组织造成进一步的损伤。故 NO 或硝酸盐／亚硝酸产物在缺血性脑卒中中的作用主要取决于其来源、局部浓度和氧化还原状态等[19]。

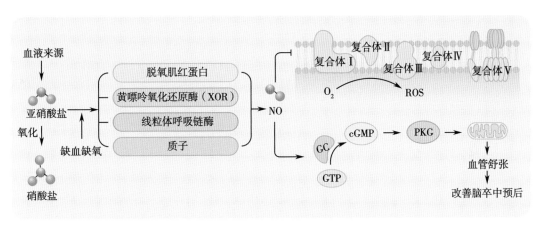

图 3-4-2 硝酸盐／亚硝酸盐和 NO 在缺血缺氧性疾病中的作用机制

脑缺血后由于缺血缺氧产生的损伤相关分子模式（DAMP）可以迅速激活相关免疫反应。而免疫反应所产生的 NO 对邻近组织和能够产生 NOS 的细胞也有毒性作用。某些与免疫系统有关的局部或系统组织损伤、血管和淋巴管的异常扩张及通透性等，可能都与 NO 在局部的含量有着密切的关系。

（二）硝酸盐保护小鼠局灶性缺血性脑卒中

王松灵院士课题组通过小鼠局灶性脑缺血模型，给予口服无机硝酸盐预处理，采取多个药物浓度，发现硝酸盐浓度与小鼠术后的神经功能恢复有着密切关系。高剂量组早期会有很强烈的神经保护作用，疾病慢性阶段则会呈现出一定的神经功能恢复减慢等情况。而低剂量组表现为持续稳定向好的恢复趋势。我们发现硝酸盐处理的缺血小鼠早期神经元的凋亡显著降低，梗死体积减少，这与学者们用 NO 调节血流改善缺血性脑卒中的作用一致。后来通过清除肠道菌群切断 NO 生成途径发现，预处理硝酸盐仍然对小鼠脑卒中有积极的治疗意义，这说明硝酸盐预处理对小鼠缺血性脑卒中的治疗机制除了 NO 还有其他机制参与其中。

为了验证这可能存在的其他机制，王松灵院士课题组通过进行体外细胞培养来探讨硝酸盐在其中的作用。由于体外细胞培养是无菌环境，认为体外不存在硝酸盐产生一氧化氮这个途径。有意思的是，通过对原代神经元进行缺氧处理发现，低剂量硝酸盐组细胞存活率提高了 1 倍以上。硝酸盐可以促进神经干细胞增殖及状态维持，并促进其往神经元分化。这些均表示，体内外排除一氧化氮途径后，仍可以预防脑卒中的进展，说明其存在潜在新机制。此时王松灵院士课题组发现，硝酸盐改善脑卒中后的功能恢复可能与硝酸盐转运蛋白——Sialin 有关。神经干细胞几乎均表达 Sialin，硝酸盐处理后的神经干细胞 Sialin 表达更高（图 3-4-3）。这些说明了硝酸盐 / 亚硝酸盐 -NO/Sialin 在缺血性脑卒中治疗的应用前景。

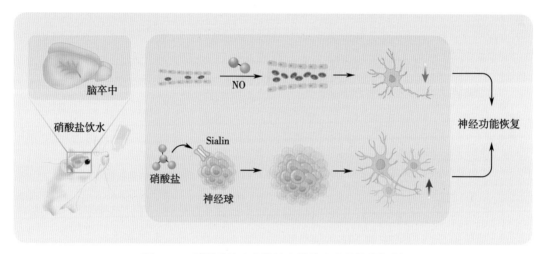

图 3-4-3　硝酸盐治疗小鼠缺血性脑卒中的作用机制

（三）硝酸盐与其他脑血管疾病

脑出血、脑小血管病等其他常见的脑血管病均与脑血管病变及氧化应激等相关。有学者发现，脑出血后脑血管痉挛与急性期 NO 降低相关[20]。也有研究发现，其可能与eNOS 的功能紊乱密切相关[21]。临床数据提示，脑出血后患者脑脊液中的硝酸盐浓度较健康对照组高，而血浆硝酸盐浓度降低。通过对脑出血患者进行亚硝酸盐输注，可以显著降低血管痉挛程度。

三、硝酸盐在神经退行性疾病中的作用

神经元丢失与阿尔茨海默病、血管性痴呆（VD）等神经退行性疾病的病理进展密切相关。神经元和突触功能会因许多风险而进行性退化，进而导致大脑功能的损害。另外，脑血管疾病，如缺血性脑卒中、出血性脑血管疾病或脑小血管疾病，通常在老年人群中发现。以血管痉挛、血管狭窄或血管出血为特征的脑血管疾病可减少脑血流量

（CBF）。CBF 的减少可能导致大脑中氧气和营养物质减少，加剧记忆和认知功能的渐进性下降。

据报道，NO 补充剂，如硝酸甘油，在体外和体内都显著逆转了兴奋性毒性。临床上可用一氧化氮补充药物，包括硝酸甘油和硝普钠治疗心血管疾病。然而，这些药物在大脑中的不良分布和半衰期短限制了它们的使用——神经退行性疾病的治疗。此外，长期使用 NO 补充药物可能有低血压的风险，因为系统释放的 NO 可能导致外周血管扩张。因此，治疗血管性痴呆的理想的 NO 补充药物应能在脑组织中特别释放 NO，以避免低血压风险。为了实现神经保护和血管舒张等双重功能，有学者设计并合成了美金刚胺硝酸盐[22]。美金刚作用机制独特，是唯一的 N-甲基-D-门冬氨酸受体（NMDAR）拮抗剂，通过抑制谷氨酸结合后过度激活，减少钙离子过度内流，从而缓解神经元丢失。美金刚胺硝酸盐在美金刚的基础上，增加了硝酸盐的配伍。美金刚胺硝酸盐对原代培养的大鼠小脑颗粒神经元（CGN）中的谷氨酸诱导的神经毒性具有浓度依赖性的保护作用。其可能通过抑制 ERK 通路和同时激活 PI3K/Akt 通路而具有神经保护作用。此外，其通过体外激活 NO 通路，呈浓度依赖性地扩张预收缩的大鼠大脑中动脉，改善脑血流（图 3-4-4）。在血管闭塞大鼠模型中，美金刚胺硝酸盐可能通过神经保护和改善脑血流来减轻空间记忆的损伤和运动功能障碍。硝酸盐与美金刚的联用或许可以对神经退行性疾病的防治有着进一步的意义。

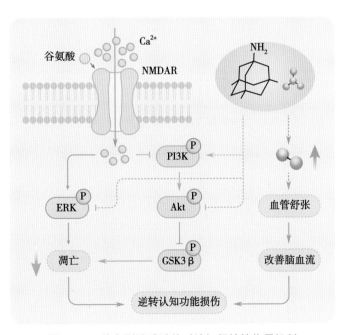

图 3-4-4　美金刚胺硝酸盐对认知保护的作用机制

四、硝酸盐在神经系统疾病中的应用展望

未来，给予外源性硝酸盐/亚硝酸盐或 NO 其他前体物质对于治疗脑血管病、神经退行性病变疾病，可能是一个新的临床治疗选择，但目前仍需大量基础和临床研究补充证据。一方面，虽然目前的研究发现通过药物或饮食甚至其他方法补充硝酸盐和亚酸盐可能对改善病变有益，但同时其在体内的剂量和效果也受日常所服用的质子泵抑制剂、抑制黄嘌呤氧化还原酶的相关药物和抗菌漱口水等影响[23]。另一方面，针对不同的神经系统疾病，硝酸盐的使用方式和剂量也需要进一步探索。另外，硝酸盐和亚硝酸盐针对不同患者的异质性也值得继续深入研究[24]。同时，或许可以通过测定血液、尿液、唾液中的硝酸盐/亚硝酸盐来作为疾病的预警分子，达到及时预防的目的。总之，硝酸盐在神经系统的疾病防护中具有积极的意义，希望有更多的基础实验数据支持，能对临床应用给予提示（图 3-4-5）。

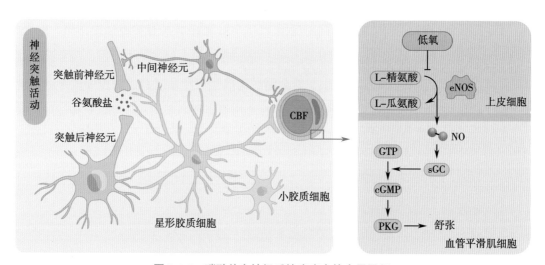

图 3-4-5　硝酸盐在神经系统疾病中的应用展望

📑 参考文献

[1] FENG Y, CAO X, ZHAO B, et al. Nitrate increases cisplatin chemosensitivity of oral squamous cell carcinoma via REDD1/AKT signaling pathway. Sci China Life Sci, 2021, 64(11): 1814-1828.

[2] SHIVA S, SACK M N, GREER J J, et al. Nitrite augments tolerance to ischemia/reperfusion injury via the modulation of mitochondrial electron transfer. J Exp Med, 2007, 204(9): 2089-2102.

[3] FURCHGOTT R F, BHADRAKOM S. Reactions of strips of rabbit aorta to epinephrine, isopropylarterenol, sodium nitrite and other drugs. J Pharmacol Exp Ther, 1953, 108(2): 129-143.

[4] PALMER R M, FERRIGE A G, MONCADA S. Nitric oxide release accounts for the biological activity of

endothelium-derived relaxing factor. Nature, 1987, 327(6122): 524-526.

[5] MURAD F. Shattuck Lecture. Nitric oxide and cyclic GMP in cell signaling and drug development. N Engl J Med, 2006, 355(19): 2003-2011.

[6] FUKUDA T, KAKINOHANA M, TAKAYAMA C, et al. Dietary supplementation with sodium nitrite can exert neuroprotective effects on global cerebral ischemia/reperfusion in mice. J Anesth, 2015, 29(4): 609-617.

[7] BEN ACHOUR S, PASCUAL O. Glia: the many ways to modulate synaptic plasticity. Neurochem Int, 2010, 57(4): 440-445.

[8] JANSSON E A, HUANG L Y, MALKEY R, et al. A mammalian functional nitrate reductase that regulates nitrite and nitric oxide homeostasis. Nat Chem Biol, 2008, 4(7): 411-417.

[9] LUNDBERG J O, WEITZBERG E, GLADWIN M T. The nitrate-nitrite-nitric oxide pathway in physiology and therapeutics. Nat Rev Drug Discov, 2008, 7(2): 156-167.

[10] QIN L Z, LIU X B, SUN Q F, et al. Sialin (SLC17A5) functions as a nitrate transporter in the plasma membrane. Proc Natl Acad Sci U S A, 2012, 109(33): 13434-13439.

[11] TABATABAEI S N, GIROUARD H. Nitric oxide and cerebrovascular regulation. Vitam Horm, 2014, 96: 347-385.

[12] CLIFFORD T, BABATEEN A, SHANNON O M, et al. Effects of inorganic nitrate and nitrite consumption on cognitive function and cerebral blood flow: a systematic review and meta-analysis of randomized clinical trials. Crit Rev Food Sci Nutr, 2019, 59(15): 2400-2410.

[13] GBD 2016 Lifetime Risk of Stroke Collaborators, FEIGIN V L, NGUYEN G, et al. Global, Regional, and Country-Specific Lifetime Risks of Stroke, 1990 and 2016. N Engl J Med, 2018, 379(25): 2429-2437.

[14] MESCHIA JF, BROTT T. Ischaemic stroke. Eur J Neurol, 2018, 25(1): 35-40.

[15] POGGESI A, PASI M, PESCINI F, et al. Circulating biologic markers of endothelial dysfunction in cerebral small vessel disease: A review. J Cereb Blood Flow Metab, 2016, 36(1): 72-94.

[16] KUZENKOV V S. Protective role of nitrate/nitrite reductase system during transient global cerebral ischemia. Bull Exp Biol Med, 2018, 165(1): 31-35.

[17] DORMANNS K, BROWN RG, DAVID T. The role of nitric oxide in neurovascular coupling. J Theor Biol, 2016, 394: 1-17.

[18] LAPI D, COLANTUONI A. Remodeling of cerebral microcirculation after ischemia-reperfusion. J Vasc Res, 2015, 52(1): 22-31.

[19] RASHID PA, WHITEHURST A, LAWSON N, et al. Plasma nitric oxide (nitrate/nitrite) levels in acute stroke and their relationship with severity and outcome. J Stroke Cerebrovasc Dis, 2003, 12(2): 82-87.

[20] SAKOWITZ O W, WOLFRUM S, SARRAFZADEH A S, et al. Relation of cerebral energy metabolism and extracellular nitrite and nitrate concentrations in patients after aneurysmal subarachnoid hemorrhage. J Cereb Blood Flow Metab, 2001, 21(9): 1067-1076.

[21] SABRI M, AI J, KNIGHT B, et al. Uncoupling of endothelial nitric oxide synthase after experimental subarachnoid hemorrhage. J Cereb Blood Flow Metab, 2011, 31(1): 190-199.

[22] MAK S, LIU Z, WU L M, et al. Pharmacological characterizations of anti-dementia memantine nitrate via neuroprotection and vasodilation in vitro and in vivo. ACS Chem Neurosci, 2020, 11(3): 314-327.

[23] QIN L Z, JIN L Y, QU X M, et al. [Nitrate: a pioneer from the mouth to the systemic health and diseases]. Zhonghua Kou Qiang Yi Xue Za Zhi, 2020, 55(7): 433-438.

[24] SMITH E E, SAPOSNIK G, BIESSELS G J, et al. Prevention of stroke in patients with silent cerebrovascular disease: a scientific statement for healthcare professionals from the American Heart Association/American Stroke Association. Stroke, 2017, 48(2): e44-e71.

第五节　代谢性疾病及衰老防护

随着衰老的发生，新陈代谢逐渐变缓，因此骨质疏松、肥胖等代谢性疾病往往与衰老伴随发生。代谢性疾病和衰老的发生与体内多种信号分子异常密切相关。NO 作为机体内重要的信号分子，不仅在糖代谢、脂代谢以及能量代谢中发挥重要作用，还在衰老防护中扮演重要角色，而硝酸盐 - 亚硝酸盐是维持体内 NO 的重要途径。王松灵院士课题组发现外源性补充硝酸盐可以有效预防骨质疏松、肥胖以及减缓衰老，在预防代谢性疾病以及衰老防护中发挥重要作用。

一、骨质疏松预防

（一）骨质疏松的定义以及发生机制

骨质疏松是一种常见的代谢性骨病，其特点是骨量下降和骨组织退化。其主要影响绝经后妇女和老年人，造成髋部和长骨骨折，严重影响生活质量[1]。研究表明，在骨质疏松发生时，间充质干细胞功能往往发生异常，表现为间充质干细胞成骨能力减弱，成脂能力增强，以及免疫调节能力减弱，而通过药物恢复干细胞功能可以有效缓解骨质疏松的症状[2]。

（二）硝酸盐对于骨质疏松具有预防作用

早在 2003 年人们就通过回顾性研究发现，因心血管疾病长期服用有机硝酸盐的患者，其骨质疏松的症状和发生率明显优于未服用硝酸盐的患者。但是，有机硝酸盐具有作用时效短、副作用大、效果不稳定等局限性，不利于其作为骨质疏松的治疗药物[3]。

在动物实验中，给予骨质疏松模型大鼠 2mmol/L 硝酸盐能够有效预防大鼠的骨丧失症状，提高包括骨体积分数（BV/TV）、骨小梁间隔（Tb.Sp）及骨密度（BMD）等骨组织形态指标，改善骨代谢的相关指标（图 3-5-1）。并且，其对于早期骨质疏松也具有一定的治疗作用。

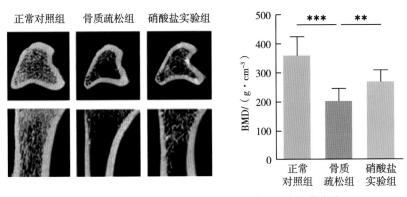

图 3-5-1　口服硝酸盐可有效预防骨质疏松大鼠骨丢失

（三）硝酸盐预防骨质疏松的作用机制

骨髓间充质干细胞（BMMSC）是来源于骨髓的具有多向分化潜能及自我更新能力的一类细胞，其不仅可以向成骨方向分化，同时也可以向成脂方向分化。此外，骨髓间充质干细胞还可以分泌多种细胞因子，在机体的免疫调控中发挥重要作用。在雌激素缺乏以及衰老所导致的骨质疏松中，骨髓间充质干细胞的分化能力也存在不同程度的缺陷[4]。由于 NO 是维持干细胞的重要分子，补充硝酸盐可以通过硝酸盐 - 亚硝酸盐 -NO 途径，改善干细胞的成骨能力，抑制异常成脂能力，恢复干细胞的免疫调节功能。

硝酸盐可以通过 NO 提高干细胞中 TGF-β 的表达，激活成骨相关的 Wnt 通路，并通过分泌 TGF-β 抑制异常的大鼠去势后导致的 Th17 细胞比例上升，提高 Treg 细胞比例，通过 RANKL/OPG 来平衡破骨与成骨细胞因子，减少骨质破坏，提高骨质形成，从而改善骨质疏松症状（图 3-5-2）。

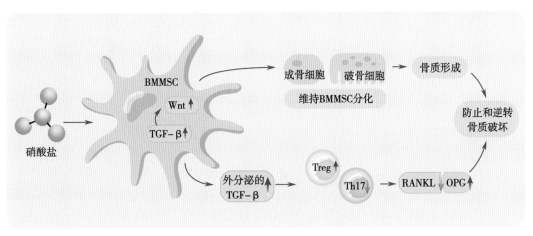

图 3-5-2　硝酸盐对于骨质疏松的预防作用

二、衰老防护

根据 2020 年第七次人口普查，我国 60 岁及以上人口为 2.64 亿人，占总人口的 18.70%，远远超过占总人口 10% 的老龄化社会标准，这标志着我国已进入了老龄化社会。伴随着人口老龄化比重增加，老龄化社会程度加深，衰老相关疾病的防护已成为目前研究的热点及难点。人类研究表明，硝酸盐水平随年龄增长而下降，与年轻的志愿者相比，老年受试者在食用硝酸盐后血浆中的亚硝酸盐浓度较低，证实老年人外源性 NO 生物利用率下降 [5]。衰老往往伴随着 NO 生物活性的降低，这和一系列与年龄相关的疾病有关。

在低亚硝酸盐 / 硝酸盐饮食小鼠模型中，观察到代谢综合征、内皮功能障碍和心血管死亡 [6]。这表明硝酸盐缺乏可能会加速衰老并导致心血管死亡。王松灵院士课题组在 β- 半乳糖苷酶诱导的衰老小鼠和自然衰老小鼠中观察到硝酸盐水平下降和肝脏变性，每日补充硝酸盐可明显恢复血浆中的硝酸盐水平，降低谷丙转氨酶和天门冬氨酸氨基转移酶水平，防止肝组织细胞衰老，结构及糖脂代谢的退化 [7]。这表明硝酸盐具有预防衰老相关肝变性的潜力。此外，王松灵院士课题组发现膳食硝酸盐可以预防自然衰老小鼠股骨的骨质疏松，延缓骨髓间充质干细胞的衰老。同时，体外补充硝酸盐可减缓依托泊苷（etoposide）及过氧化氢（H_2O_2）诱导的间充质干细胞衰老（图 3-5-3）。

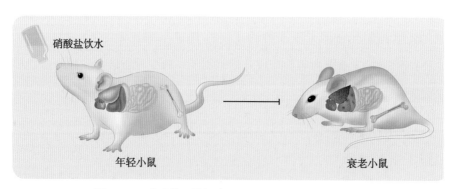

图 3-5-3 硝酸盐延缓细胞及组织衰老，维持功能稳态

三、肥胖预防

（一）全球肥胖趋势及健康威胁形势严峻

肥胖被定义为对健康构成风险的脂肪异常或过度积累。WHO 提供的流行病学数据表明，1975—2016 年，肥胖比例增长近 3 倍，2016 年，年龄大于 18 岁的人群中，有

39%超重（超过 19 亿），分开统计发现男性 39% 超重，女性 40% 超重，其中大约 13% 达到肥胖（6.5 亿）。曾认为肥胖多发生于高收入国家，而现今，肥胖发生率在中低收入国家也呈现明显上升趋势，尤其在城镇地区[8]。肥胖是多因素造成的机体代谢失衡，对机体健康造成威胁，是一系列慢性疾病的主要危险因素[11]，包括糖尿病、心血管疾病、炎症性疾病、癌症等，这类非传染性疾病的发生风险与体重指数（BMI）显著相关。2017 年全球疾病负担统计，每年有超过 400 万人死于超重或肥胖[9]。

（二）控制肥胖的策略

肥胖发生的机制主要是能量摄入和消耗的失衡，包括高能量食物的摄入增多，以及机体运动耗能减少。除了脂肪代谢紊乱，肠道菌群失衡也是机体肥胖的重要因素。生理学家认为肥胖及其相关疾病多是可以预防的，科学家们一直在寻找有效防治肥胖的措施，针对直接调控机体代谢，以及调理失衡的肠道菌群[10-12]，是现今治疗肥胖的关键。通过饮食调控体重被认为是最安全的办法，也是现今的研究热点。

（三）硝酸盐调控肠道菌群防治肥胖

在代谢性疾病中，硝酸盐主要通过 NO-cGMP 通路发挥作用，包括调节 NADPH 降低氧化应激进而保护机体组织，以及促进腺苷一磷酸（AMP）激活蛋白激酶和下游通路，调节脂肪合成、脂肪酸氧化以及血糖稳态[13-15]。王松灵院士课题组通过建立高脂饮食小鼠模型发现，饮水中添加硝酸盐可减轻高脂饮食诱导的小鼠肥胖，减轻脂肪重量和减小脂肪细胞大小，改善糖耐受和胰岛素敏感性，缓解血脂升高和肝脏脂肪沉积，提示硝酸盐对于机体代谢的改善和饮食引起的肥胖有预防作用。并且，硝酸盐能够调节高脂饮食小鼠的肠道菌群，16s rRNA 测序及生物信息学分析发现，高脂饮食会明显引起小鼠肠道菌群多样性和成分的改变。高脂饮食小鼠较正常喂食小鼠操作分类单元（OTU）数目减少，菌群丰度降低，菌群多样性减少，主成分分析（PCA）提示硝酸盐饮水小鼠肠道菌群有向正常饮食小鼠靠近的趋势，提示硝酸盐能一定程度上缓解高脂饮食引起的肠道菌群紊乱。通过肠道菌群差异分析筛选与肥胖密切相关的菌群发现，肠道有益菌，如乳酸杆菌、双歧杆菌的含量在饮水添加硝酸盐组明显上升，而与肥胖正相关的粪便杆菌明显下降[16]。此外，王松灵院士课题组关于硝酸盐调控肠道菌群的其他研究发现，口服硝酸盐能够减轻小鼠 DSS 诱导的肠道炎症，上调乳酸杆菌、瘤胃球菌科、普雷沃菌等有益菌丰度，下调致病菌如 Bacteroidales_S24-7_group_unidentifed、拟杆菌等的丰度[17]。大鼠全身经过放射后，硝酸盐可通过调节肠道微生物稳态缓解结肠炎，且肠道中的乳酸杆菌显著增多[18]。

四、缺氧防护

氧是维持机体正常新陈代谢的关键物质，是机体生命活动的第一需求。当环境中的氧含量异常降低时，机体的各大重要系统及器官会做出不同程度的反应，例如脑水肿、肺水肿、中枢神经系统发育障碍、动脉粥样硬化、骨质疏松，影响机体发育和正常代谢。因此，如何防护缺氧导致的机体损伤，一直是科研人员的重要研究方向。

高原是常见的缺氧环境之一。在海平面，大气压强为 760mmHg，大气中的氧含量为 21%。随着海拔升高，气压降低，空气变得稀薄，空气中的氧含量随之降低。当在平均海拔为 3 650m 的拉萨，大气压强下降至 489mmHg，氧含量降至 15%。如此缺氧的环境，机体的大脑和肺会迅速做出反应。一般来说，当缓慢进入高原地区时，机体会出现反应迟缓、记忆力受损的症状，甚至出现幻觉。急进高原时，机体轻则出现失眠、头晕、头痛的不适症状，重则出现意识丧失、呼吸困难等急性高原反应，严重影响进入高原地区的人员的健康（图 3-5-4）。

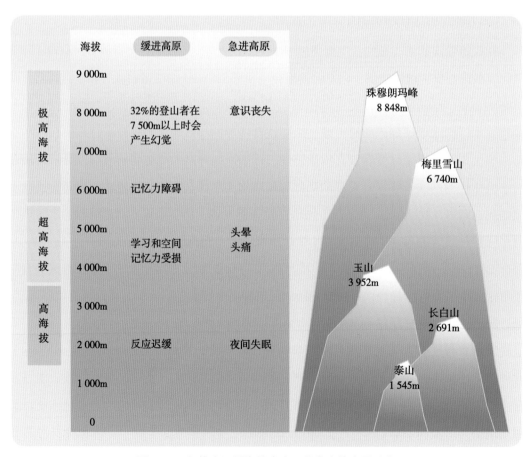

图 3-5-4   机体在不同海拔高度可能发生的高原反应

　　一氧化氮在预防组织缺氧中发挥重要作用，被众多学者认为是高海拔适应过程中的重要因素[19]。硝酸盐作为体内一氧化氮的重要来源，维持着机体稳态，在缺氧防护中的作用不言而喻。早在 2011 年，英国学者 Levett[20] 对登山爱好者攀登珠穆朗玛峰过程中的血浆硝酸盐进行对比后发现，随着海拔的不断升高，志愿者的血浆硝酸盐浓度上升明显，其至可高达平原的 10 倍。无独有偶，2021 年，意大利和加拿大学者共同完成了一项相似的研究[21]。研究者对 15 名生活在平原地区的登山爱好者攀登 Rosa 山（海拔高度为 4 554m）和 Solda 山（海拔高度为 3 269m）前后血液中的硝酸盐浓度进行检测。结果发现，在进入高原后的第一天，所有志愿者血液中的硝酸根离子浓度明显上升，并且海拔越高，血浆中硝酸根离子浓度达到峰值的时间越长（图 3-5-5）。这似乎在提示，当进入缺氧环境时，硝酸盐在适应缺氧的过程中发挥了作用。目前，已有登山队伍将饮用富含硝酸盐的甜菜汁作为预防高原反应的常规手段。因为当外源性摄入硝酸盐后，进入高原的运动员和攀登队员的心率、呼吸的改变可得到缓解，运动状态得到改善。

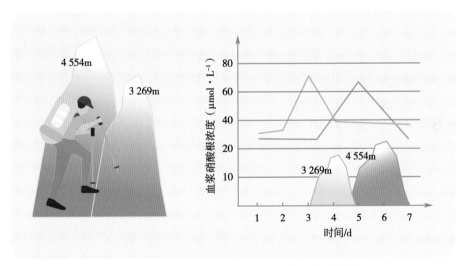

图 3-5-5　登山者进入高原后血浆硝酸盐的变化趋势

　　缺氧环境中的胃肠不适虽相较于急性脑水肿、急性肺水肿的病症较轻，但食欲不振、胃胀气、腹泻等一系列症状影响进入高原后的人们的生活和工作。

　　王松灵院士课题组通过借助低氧动物饲养仓，以小鼠为研究对象，建立了模拟高原及其他的缺氧生存环境的动物模型。进入仓内生存的小鼠会出现小肠胀气、出血的病理改变。而提前 1 周给予硝酸盐饮水的小鼠小肠的病理改变有所缓解（图 3-5-6）。通过对受损小肠的病理切片分析发现，小肠绒毛上皮明显脱落，绒毛固有层明显萎缩。提前给予硝酸盐干预的小鼠的小肠组织微观病理改变一定程度上得到缓解。此外，缺氧会导致小肠组织中中性粒细胞聚集，引发明显的炎症，给予硝酸盐后小肠组织中的中性粒细胞聚集得到缓解，缺氧导致的组织中炎症因子 IL-6 的明显上升得到缓解。

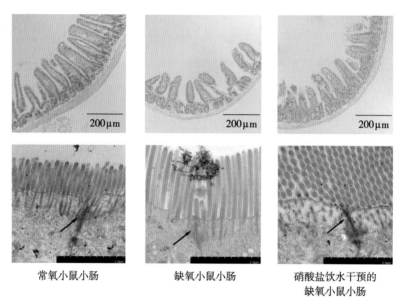

常氧小鼠小肠　　　　　缺氧小鼠小肠　　　　硝酸盐饮水干预的
缺氧小鼠小肠

图 3-5-6　常氧、缺氧及硝酸盐饮水干预的缺氧生存小鼠小肠组织切片及透射电镜表型

硝酸盐在缺氧环境中默默守护着机体健康。硝酸盐在缺氧环境中的防护作用远不止于此。因此，探索硝酸盐为什么能在缺氧环境中发挥作用，以及硝酸盐还能对哪些因缺氧引发的疾病起到防治作用，会是接下来的研究方向。

📑 参考文献

[1] CAULEY J A. Public health impact of osteoporosis. J Gerontol A Biol Sci Med Sci, 2013, 68(10): 1243-1251.

[2] DEMONTIERO O, VIDAL C, DUQUE G. Aging and bone loss: new insights for the clinician. Ther Adv Musculoskelet Dis, 2012, 4(2): 61-76.

[3] MISRA D, PELOQUIN C, KIEL D P, et al. Intermittent nitrate use and risk of hip fracture. Am J Med, 2017, 130(2): 229.e15-229.e20.

[4] QI M, ZHANG L Q, YANG M, et al. Autophagy maintains the function of bone marrow mesenchymal stem cells to prevent estrogen deficiency-induced osteoporosis. Theranostics, 2017, 7(18): 4498-4516.

[5] TOPRAKÇI M, OZMEN D, MUTAF I, et al. Age-associated changes in nitric oxide metabolites nitrite and nitrate. Int J Clin Lab Res, 2000, 30(2): 83-85.

[6] KINA-TANADA M, SAKANASHI M, TANIMOTO A, et al. Long-term dietary nitrite and nitrate deficiency causes metabolic syndrome, endothelial dysfunction, and cardiovascular death in mice. Diabetologia, 2017, 60(6): 1138-1151.

[7] WANG H F, HU L, LI L, et al. Inorganic nitrate alleviates the senescence-related decline in liver function. Sci China Life Sci, 2018, 61(1): 24-34.

[8] NCD RISK FACTOR COLLABORATION (NCD-RISC).Worldwide trends in body-mass index, underweight, overweight, and obesity from 1975 to 2016: a pooled analysis of 2416 population-based measurement studies in 128.9 million children, adolescents, and adults. Lancet, 2017, 390(10113): 2627-2642.

[9] FLEGAL K M, KIT B K, ORPANA H, et al. Association of all-cause mortality with overweight and obesity using standard body mass index categories: a systematic review and meta-analysis. JAMA, 2013, 309(1): 71-82.

[10] CANO P G, SANTACRUZ A, TREJO F M, et al. Bifidobacterium CECT 7765 improves metabolic and immunological alterations associated with obesity in high-fat diet-fed mice. Obesity (Silver Spring), 2013, 21(11): 2310-2321.

[11] LEE E, JUNG SR, LEE SY, et al. *Lactobacillus plantarum* strain Ln4 attenuates diet-induced obesity, insulin resistance, and changes in hepatic mrna levels associated with glucose and lipid metabolism. Nutrients, 2018, 10(5): 643.

[12] LONG R T, ZENG W S, CHEN L Y, et al. Bifidobacterium as an oral delivery carrier of oxyntomodulin for obesity therapy: inhibitory effects on food intake and body weight in overweight mice. Int J Obes (Lond), 2010, 34(4): 712-719.

[13] ROBERTS L D, ASHMORE T, KOTWICA A O, et al. Inorganic nitrate promotes the browning of white adipose tissue through the nitrate-nitrite-nitric oxide pathway. Diabetes, 2015, 64(2): 471-484.

[14] ROBERTS L D. Does inorganic nitrate say NO to obesity by browning white adipose tissue? Adipocyte, 2015, 4(4): 311-314.

[15] CORDERO-HERRERA I, KOZYRA M, ZHUGE Z, et al. AMP-activated protein kinase activation and NADPH oxidase inhibition by inorganic nitrate and nitrite prevent liver steatosis. Proc Natl Acad U S A, 2019, 116(1): 217-226.

[16] MA L S, HU L, JIN L, et al. Rebalancing glucolipid metabolism and gut microbiome dysbiosis by nitrate-dependent alleviation of high-fat diet-induced obesity. BMJ Open Diabetes Res Care. 2020, 8(1): e001255.

[17] HU L, JIN L Y, XIA D S, et al. Nitrate ameliorates dextran sodium sulfate-induced colitis by regulating the homeostasis of the intestinal microbiota. Free Radic Biol Med, 2020, 152: 609-621.

[18] Wang W L, Hu L, Chang S M, et al. Total body irradiation-induced colon damage is prevented by nitrate-mediated suppression of oxidative stress and homeostasis of the gut microbiome. Nitric Oxide, 2020, 102: 1-11.

[19] UMBRELLO M, DYSON A, FEELISCH M. The key role of nitric oxide in hypoxia: hypoxic vasodilation and energy supply-demand matching. Antioxid Redox Signal, 2013, 19(14): 1690-1710.

[20] LEVETT D Z, FEMRNANDEZ B O, RILEY H L, et al. Caudwell extreme everest research group. The role of nitrogen oxides in human adaptation to hypoxia. Sci Rep, 2011, 1: 109.

[21] RASICA L, PORCELLI S, LIMPER U, et al. Beet on Alps: Time-course changes of plasma nitrate and nitrite concentrations during acclimatization to high-altitude. Nitric Oxide, 2021, 107: 66-72.

第四章

循医面世

随着人们对硝酸盐对人体利害关系认识的日益深入，以硝酸盐为主要成分的营养补充剂开始步入人们的生活，其有益于人体的功效被越来越多的临床研究所证实。如何将口服硝酸盐的功效充分发挥并安全可控，是其能否更好地服务于人类的关键问题。为解决这一问题，一种新型的硝酸盐药物应运而生。

第一节 以硝酸盐为主要成分的营养补充剂的功效及缺点

体内硝酸盐有两个来源：外源性的来自食物中的硝酸盐和内源性的由亚硝酸盐和 NO 氧化而成的硝酸盐。外源性的硝酸盐可通过消化道 - 唾液腺循环，被口腔细菌转化为亚硝酸盐，在血液和组织内亚硝酸盐最终转化为 NO。因此，外源性硝酸盐已被认为是体内 NO 的重要来源。

目前，外源性硝酸盐的加载方式包括口服硝酸钾或硝酸钠及天然来源的蔬果汁等。相对于硝酸钾和硝酸钠，目前国内外关于人体的临床研究中，应用更广泛的营养补充剂是富含硝酸盐的蔬果汁，最常用的是甜菜根汁（beet root juice，BRJ）。厂家还可根据临床研究的需要，将蔬果汁中的硝酸盐提取出来，以作为阴性对照。本书中介绍的以硝酸盐为主要成分的营养补充剂就是这种天然来源的蔬果汁。

一、以硝酸盐为主要成分的营养补充剂的功效

在以硝酸盐为主要成分的营养补充剂作为干预措施的临床研究中，硝酸盐对人体的功效主要体现在提升心血管功能和增强运动能力等方面。

（一）心血管功能

早在 2008 年就有学者发现，单次进食一瓶富含硝酸盐的甜菜根汁（500mL，约含 1 400mg 硝酸盐）可降低收缩压（10mmHg）和舒张压（8mmHg）[1]。这种降压作用与服用单一降压药的效果接近，降压作用的峰值与血浆亚硝酸盐含量一致，且可持续 24h。即便是低剂量的甜菜根汁（250mL，约含 340mg 硝酸盐）也可降低 5mmHg 的收缩压[2]。此外，血浆内的 cGMP 含量上升，意味着活化的 NO 激活了 sGC-cGMP 介导的血管舒张[1]。体外研究发现，甜菜根汁可延缓血小板凝聚[1,3]。饮食硝酸盐的降压作用还被其他课题组所证实[4]，其降压效果一般与血浆亚硝酸盐水平存在剂量相关性。有学者研究了 3 种剂量甜菜根汁的降压效果，这种剂量相关效应对收缩压更为明显[5]。

以上的研究主要是针对健康人的，在患者身上，口服硝酸盐是否同样具有降压效果

呢？答案是肯定的。对慢性阻塞性肺疾病患者，口服硝酸盐同样具有降低血压的作用 [6,7]。一项针对高血压患者的临床研究中，对高血压患者进行口服硝酸盐的干预措施（每天 1 瓶 250mL 甜菜根汁，服用 4 周），使用 3 种方法测量患者血压，均发现硝酸盐具有显著的降压效果，并可增强内皮功能，减轻动脉僵硬度 [8]。肾脏血管内皮细胞的还原型烟酰胺腺嘌呤二核苷酸磷酸氧化酶是硝酸盐发挥降血压作用的主要靶标 [9]。

因 NO 具有扩张血管、抗凝聚、抗炎等功能，故它在维持血管内皮功能方面是不可或缺的。最常用的评价内皮功能的方法是血流介导的血管扩张（flow-mediated dilatation，FMD）。这种方法通过测量前壁动脉的直径来反映缺血状态，进食硝酸钠（0.15mmol/kg）后，健康人的 FMD 反应水平提升 [10]。短期服用硝酸盐（0.45g/d，3d）可增强皮肤的血管扩张 [11]。

（二）运动能力

口服硝酸盐增强机体的运动能力是通过增加骨骼肌血管舒张和影响氧消耗（VO_2）实现的。运动可引起肌肉缺氧，这种缺氧状态恰恰有利于亚硝酸盐向 NO 的转化。NO 已被公认具有扩张血管和调节线粒体功能的能力，口服硝酸盐与运动中氧消耗存在相关性 [12]。在一项针对健康志愿者的交叉设计的随机对照研究中，他们发现加载硝酸盐 [8.5mg/（kg·d），3d] 可降低运动过程中的耗氧量。这一结果被一些使用甜菜根汁作为干预措施的临床研究所证实 [13-16]。而在一项针对罹患慢性阻塞性肺疾病的患者的研究中，摄入高剂量硝酸盐（140mL 甜菜根汁，含 12.9mmol 硝酸盐）患者的运动能力强于摄入低剂量硝酸盐的患者 [6]。补充硝酸盐可提高老年人在低氧运动中血管扩张的能力，这一作用对年轻人则不太明显 [17]。口服硝酸盐（8.2mmol/d）不仅可以降低运动中的氧消耗，而且有益于肌肉的恢复 [18]。进食硝酸盐可提高肌肉的速度和力量 [19]。

招募健康志愿者进食富含硝酸盐的甜菜根汁（70mL），采用定量功能性磁共振技术，分析骨骼肌氧利用率和复原情况，结果表明硝酸盐可以帮助骨骼肌提高能量利用率 [20]。在低氧状态下，进食硝酸盐可提高肺内氧气的摄入量，并增强肌肉对高强度运动的耐力 [21]。在另一项研究中发现，进食硝酸钠可降低健康志愿者的基础代谢率 [22]。在一项双盲的随机对照临床研究工作中，高强度运动提升了机体代谢率时，进食硝酸盐可加快氧气代谢并提高运动耐力 [23]。

二、以硝酸盐为主要成分的营养补充剂的缺点

以硝酸盐为主要成分的营养补充剂的功效已被越来越多的临床研究所证实，可谓是

"'硝'勇善战"，不过作为一种营养补充剂，其仍存在一些不足。比如，天然来源的蔬果汁内硝酸盐含量较低，用于补充体内硝酸盐的效率不高；蔬果汁的硝酸盐在体内代谢较快，无法稳定地保持循环内的硝酸盐浓度，机体利用率不高等。为克服以上不足，一种新的硝酸盐补充方式——"耐瑞特"应运而生。

📑 参考文献

[1] WEBB A J, PATEL N, LOUKOGEORGAKIS S, et al. Acute blood pressure lowering, vasoprotective, and antiplatelet properties of dietary nitrate via bioconversion to nitrite. Hypertension, 2008, 51(3): 784-790.

[2] KAPIL V, MILSOM A B, OKORIE M, et al. Inorganic nitrate supplementation lowers blood pressure in humans: role for nitrite-derived NO. Hypertension, 2010, 56(2): 274-281.

[3] VELMURUGAN S, KAPIL V, GHOSH S M, et al. Antiplatelet effects of dietary nitrate in healthy volunteers: involvement of cGMP and influence of sex. Free Radic Biol Med, 2013, 65: 1521-1532.

[4] LIU A H, BONDONNO C P, CROFT K D, et al. Effects of a nitrate-rich meal on arterial stiffness and blood pressure in healthy volunteers. Nitric Oxide, 2013, 35: 123-130.

[5] HOBBS D A, KAFFA N, GEORGE T W, et al. Blood pressure-lowering effects of beetroot juice and novel beetroot-enriched bread products in normotensive male subjects. Br J Nutr, 2012, 108(11): 2066-2074.

[6] KERLEY C P, CAHILL K, BOLGER K, et al. Dietary nitrate supplementation in COPD: an acute, double-blind, randomized, placebo-controlled, crossover trial. Nitric Oxide, 2015, 44: 105-111.

[7] BERRY M J, JUSTUS N W, HAUSER J I, et al. Dietary nitrate supplementation improves exercise performance and decreases blood pressure in COPD patients. Nitric Oxide, 2015, 48: 22-30.

[8] KAPIL V, KHAMBATA R S, ROBERTSON A, et al. Dietary nitrate provides sustained blood pressure lowering in hypertensive patients: a randomized, phase 2, double-blind, placebo-controlled study. Hypertension, 2015, 65(2): 320-327.

[9] GAO X, YANG T, LIU M, et al. NADPH oxidase in the renal microvasculature is a primary target for blood pressure-lowering effects by inorganic nitrate and nitrite. Hypertension, 2015, 65(1): 161-170.

[10] HEISS C, MEYER C, TOTZECK M, et al. Dietary inorganic nitrate mobilizes circulating angiogenic cells. Free Radic Biol Med, 2012, 52(9): 1767-1772.

[11] KEEN J T, LEVITT E L, HODGES G J, et al. Short-term dietary nitrate supplementation augments cutaneous vasodilatation and reduces mean arterial pressure in healthy humans. Microvasc Res, 2015, 98: 48-53.

[12] LARSEN F J, WEITZBERG E, LUNDBERG J O, et al. Effects of dietary nitrate on oxygen cost during exercise. Acta Physiol (Oxf), 2007, 191(1): 59-66.

[13] BAILEY S J, FULFORD J, VANHATALO A, et al. Dietary nitrate supplementation enhances muscle contractile efficiency during knee-extensor exercise in humans. J Appl Physiol (1985), 2010, 109(1): 135-148.

[14] BAILEY S J, WINYARD P, VANHATALO A, et al. Dietary nitrate supplementation reduces the O_2 cost of low-intensity exercise and enhances tolerance to high-intensity exercise in humans. J Appl Physiol

(1985), 2009, 107(4): 1144-1155.

[15] LANSLEY K E, WINYARD P G, FULFORD J, et al. Dietary nitrate supplementation reduces the O_2 cost of walking and running: a placebo-controlled study. J Appl Physiol (1985), 2011, 110(3): 591-600.

[16] LARSEN F J, WEITZBERG E, LUNDBERG J O, et al. Dietary nitrate reduces maximal oxygen consumption while maintaining work performance in maximal exercise. Free Radic Biol Med, 2010, 48(2): 342-347.

[17] CASEY D P, TREICHLER D P, GANGER C T 4TH, et al. Acute dietary nitrate supplementation enhances compensatory vasodilation during hypoxic exercise in older adults. J Appl Physiol (1985), 2015, 118(2): 178-186.

[18] VANHATALO A, JONES A M, BLACKWELL J R, et al. Dietary nitrate accelerates postexercise muscle metabolic recovery and O_2 delivery in hypoxia. J Appl Physiol (1985), 2014, 117(12): 1460-1470.

[19] COGGAN A R, LEIBOWITZ J L, KADKHODAYAN A, et al. Effect of acute dietary nitrate intake on maximal knee extensor speed and power in healthy men and women. Nitric Oxide, 2015, 48: 16-21.

[20] BENTLEY R, GRAY S R, SCHWARZBAUER C, et al. Dietary nitrate reduces skeletal muscle oxygenation response to physical exercise: a quantitative muscle functional MRI study. Physiol Rep, 2014, 2(7): e12089.

[21] KELLY J, VANHATALO A, BAILEY S J, et al. Dietary nitrate supplementation: effects on plasma nitrite and pulmonary O_2 uptake dynamics during exercise in hypoxia and normoxia. Am J Physiol Regul Integr Comp Physiol, 2014, 307(7): R920-R930.

[22] LARSEN F J, SCHIFFER T A, EKBLOM B, et al. Dietary nitrate reduces resting metabolic rate: a randomized, crossover study in humans. Am J Clin Nutr, 2014, 99(4): 843-850.

[23] BREESE B C, MCNARRY M A, MARWOOD S, et al. Beetroot juice supplementation speeds O_2 uptake kinetics and improves exercise tolerance during severe-intensity exercise initiated from an elevated metabolic rate. Am J Physiol Regul Integr Comp Physiol, 2013, 305(12): R1441-R1450.

第二节　耐瑞特新药的研发及优势

　　上一节介绍了以硝酸盐为主要成分的营养补剂的成分、功效及缺点，例如硝酸盐是通过内源性和外源性产生的亲水盐，不经过肝脏的首过代谢，直接经肠黏膜吸收[1] 等，具有广泛的应用价值。硝酸盐或者硝酸酯有两种存在形式——无机和有机形式。临床上已有的硝酸酯类合成药物，例如治疗心绞痛的硝酸甘油，起效快，但硝酸酯的短效性、低相容性和诸如头疼、心动过缓、面色潮红、恶心、呕吐等副作用限制了它的使用。故硝酸盐有更广泛的临床应用前景 [2-5]。那如何将硝酸盐开发为新药？

已报道的研究显示，硝酸盐作为一种离子化合物，通过激活多种信号通路在很多疾病的预防和治疗中发挥着重要作用，参与调控多种机体功能。例如，其能够预防辐射引起的唾液腺损伤[6,7]、缺血再灌注损伤[8]、全身照射损伤[9,10]。另外，22 月龄的小鼠由于缺乏饮食摄入的硝酸钠会出现代谢综合征和血管内皮功能障碍[11]。在我们日常饮食中硝酸钠无处不在，尤其是绿叶蔬菜中，它在胃肠道中被吸收，经肾排泄。从病理层面来说，较差的生物相容性使得硝酸盐或者硝酸盐代谢产物（血管扩张因子 NO）的生成非常有限，也会引起更严重的病理变化。在这种情况下，外源性硝酸盐的摄入就非常有必要[12]。然而，在疾病发生时，日常饮食摄入的硝酸盐不足以达到治疗剂量，而且难以维持长期有效的血药浓度[1]，虽然有些硝酸盐可以被重吸收入血液中或者被唾液腺重吸收[13]，但重吸收的硝酸盐在体内的浓度更低，依旧很难达到药物治疗浓度。

这些研究表明，硝酸盐可用于疾病的预防和治疗，但是半衰期短限制了它在临床中的应用。如何将硝酸盐用于人民大众的健康，王松灵院士课题组致力于研究提高硝酸盐的生物利用度，一方面是研发缓释技术，另一方面是研发促进硝酸盐吸收（生物利用度）的配伍药物。

一、耐瑞特新药的研发

（一）人工智能（AI）技术

面对传统的通过大规模高通量生物实验找到联合用药的挑战，建立基于 AI 技术的联合用药预测系统，通过三层运算找到了可以与硝酸盐结合的联合用药伴侣——维生素 C（图 4-2-1）。

AI 模型是直接基于实验数据进行训练的，可以获得一系列可能与硝酸盐配伍的药物，具体方法如下。

第一步：建立新的药物 - 药物网络（DDN），它是 AI 算法基于群体学习实现配伍药物预测系统的第一部分，DDN 基于药物结构使用机器算法 XGBoost[14] 来研究人和小鼠体内药物与药物之间的反应。模型预测的超参数例如学习率等是通过训练数据 5 倍交叉验证得到的。交叉验证[15] 从药物数据库（DrugBank）中收集到药物数据集中的性能。然后，训练模型用来筛选所有药物，候选药物得到 1.0 分。使用统一流形逼近与投影（UMAP）分析，我们发现前 1 000 个 DDN 候选药物是集中分布的。

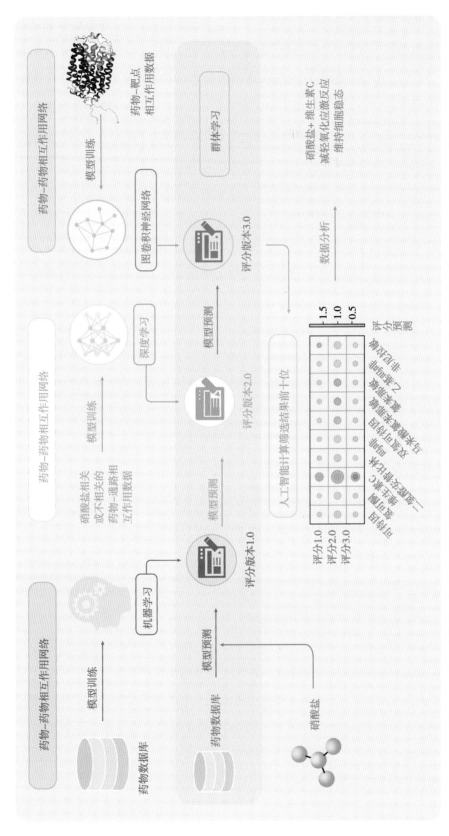

图 4-2-1 基于群体学习实现配伍药物预测系统（SLCDPS）综合示意图，针对药物数据库 ChEMBL 的 12 000 种药物，应用 SLCDPS 完成预测评分过程

第二步：进行药物 - 通路网络（DPN）筛选。由于缺乏与一种新的 DDN 相关的药物通路数据，因此很难利用该网络来预测哪些药物适合与硝酸盐配伍，DPN 利用其他数据解决了这一问题。为了识别潜在的药物作用机制通路，团队从 DrugBank 中收集了与硝酸盐保护作用[6,7]有关或无关的药物相关通路数据，利用一种有效的预测蛋白质结构的深度学习算法[16]完成对候选药物的优化，结果得分为 2.0，另外，根据 UMAP 分析，前 100 个候选药物呈现均匀分布。

第三步：建立药物 - 靶点网络（DTN），结合保守信息和深度学习预测[17]得出的特征，为了克服缺乏药物靶点数据的挑战，团队从 DrugBank 收集了大量药物靶点联系的数据，例如硝酸盐转运蛋白可以防止硝酸盐被快速排泄。对带有药物 - 靶标数据的图卷积网络（GCN）[18]进行训练，对 DTN 进行建模，训练和验证曲线显示了其在 DTN 任务上的表现。

对于 AI 计算模型，本模型寻求结合三个网络（DDN、DPN、DTN）的优势来形成一个统一的深度学习体系。通过训练机器学习模型，以建立潜在的药物 - 药物关联网络。通过训练深度学习模型，学习药物 - 通路相互作用数据，构建药物 - 通路相互作用网络。使用图卷积神经网络构建药物 - 靶点相互作用网络，人工智能计算筛选框架的评分前 10 的有效。

（二）缓释技术

最常使用的硝酸盐是食品级硝酸钠，它们可以被加到饮食和饮水里，但是在临床实践中，将硝酸盐药物加到饮水里是未获批准进行临床试验的。通过动物实验发现，口服单剂量硝酸盐，其很快就会在近端小肠吸收，再分布到全身各处，但 50%～100% 的硝酸盐在摄入后很快就通过尿液排出，导致生物利用度低，而且，硝酸盐代谢存在很大的个体差异[1,19]，因此，硝酸盐较低的生物稳定性和较差的生物利用度使其作为治疗药物具有局限性。到目前为止，还没有任何一种有良好吸收特质和保护作用的硝酸盐药物被报道。针对硝酸盐体内半衰期短的问题，本团队利用现代制剂技术，筛选并优化缓释制剂工艺，使得硝酸盐能够更稳定和更长效地维持其在体内的血药浓度。这些新型制剂，例如利用微囊技术，将维生素 C（VC）、硝酸钠和壳聚糖制备成硝酸盐纳米颗粒，并命名为耐瑞特（Nanonitrator）。这种通过纳米制剂来递送硝酸盐的长循环显著提高了硝酸盐在两种动物损伤模型中的疗效，且在动物实验中没有显示毒性。

微囊化是一种把固体、液体、气体包埋和密封成微小气密胶囊形成固体颗粒产品的技术[20,21]，这可以避免化合物受环境条件的影响并且可以提供可控的药物释放能力[22]。有研究报道，无机物可以被制备成集中在钙离子上的纳米，但没有试图将硝酸盐微囊化的文章报道。

为了制备纳米硝酸盐，购买了硝酸钠、羧甲基纤维素钠、果胶、壳聚糖。制备纳米硝酸盐的具体步骤如下。

第一步：制备芯溶液。将适量的壳聚糖（分子量3 000）和适量的VC放入茄瓶中，加入5mL纯水，避光置于35℃水浴锅中使其完全溶解，然后在4℃冰箱中降温，再加入25mg硝酸钠，搅拌至完全溶解，最终硝酸钠浓度为4mg/mL。

第二步：制备微囊囊材溶液。首先，将适量的羧甲基纤维素钠和5mL纯水混合，油浴加热搅拌使其完全溶解作为溶液A。然后，将适量果胶和纯水混合，50℃水浴加热得到溶液B。最后，将溶液A和溶液B混合搅拌均匀，囊材材料在水中的总质量比浓度约为3%。

第三步：微囊的制备。将囊材材料和芯溶液（5mL核心材料溶液+9.7mL壁面材料溶液）混合后使用高速匀质器分散，重复3次充分搅拌混匀。然后，将混合液倒入培养皿中，放入-80℃冰箱冷冻12～24h，再用真空冷冻干燥机冻干12～24h。待絮凝状样品被超细粉式空气磨机压成粉末，纳米硝酸盐就制备完成，可放入干燥器待用。

二、耐瑞特新药的优势

通过AI筛选法我们在现存12 000种药物的数据库中找到了硝酸盐药物的最佳联合药物——VC。为了克服硝酸钠和VC生物利用度低以及半衰期短的缺点，我们开发了纳米硝酸盐，它是可以口服的硝酸钠-VC纳米制剂。在合成、优化以及理化性质表征之后，我们发现这种纳米粒子可以在体内外可控地释放硝酸盐，提高了硝酸盐的吸收和生物利用度。

另外，由于能够显著增强PI3K-AKT信号通路转导，耐瑞特在同等剂量下表现出比硝酸盐或者联合维生素C的硝酸盐（VC+硝酸盐物理混合）更好的维持细胞内稳态的效果，表现出了它在临床应用中的潜力。这种纳米技术提供了一种将无机化合物载入缓释纳米颗粒的方法，为无机分子在临床中应用提供了新的可能，其临床前药物研究也正在进行。

目前一系列实验研究发现，该缓释制剂可促进机体对硝酸盐的吸收，且提高体内的生物利用度，在动物模型中验证了其对唾液腺辐射损伤和肝脏缺血再灌注的疗效和安全性，对口腔和全身性疾病有优良的预防和治疗作用，具有潜在的应用价值。

为了评价纳米硝酸盐的安全性，需要进一步在具有资质的实验室开展制剂工艺研究和安全性评价。通过形态学和功能性评价，纳米硝酸盐在唾液腺辐射损伤和肝的缺血再灌注动物模型中表现出一定的效果。同时，收集器官和血液样本进行组织评价和血液的相关生化指标检测。具体评价实验如下。

（一）大鼠唾液腺放射损伤模型评价实验

1. 实验方法

（1）分组：分为4组，$n=5$。对照组，未接受放射治疗。放射组，接受放射治疗。耐瑞特组，放射前1周至放射后8周，每日单次灌胃2.25mmol/kg耐瑞特。硝酸盐组，放射前1周至放射后8周，每日单次灌胃2.25mmol/kg硝酸盐。各组于放疗前、放疗后每2周取全唾液，进行检测；放疗后8周处死所有实验动物，收集血液及组织样本进行检测。

（2）大鼠全唾液采集：大鼠麻醉妥当后，使用无菌生理盐水将硝酸毛果芸香碱配置成0.4mg/mL浓度的溶液，以0.1mg/100g体重的剂量腹腔注射。注射后使大鼠俯卧于20°倾斜鼠板上，头部微向下倾斜，使头处于略低位，注射后约5min，待大鼠口腔滴出第一滴唾液后，将毛细吸管一端置入口底，另一端置于1.5mL离心管底，上下颌切牙咬住管壁，收集唾液20min，根据称重法计算所取唾液量并记录。

（3）建立唾液腺放射损伤模型：大鼠5只一组，麻醉妥当，治疗体位为仰卧位，置于加速器治疗床上。每只大鼠下颌下腺部位覆盖3.0cm×3.0cm蜡膜，蜡膜厚度为1cm，为水等效材质。5只大鼠排开下颌下腺总长度30cm左右。采用2D源皮距照射方式。射线平均能量6MV，剂量率300cGy/min，照射野34cm×3.0cm，放射源距蜡膜上表面距离为100cm。根据EQD2方程换算，单次照射15Gy相当于每次2Gy，分割次数16次，总剂量31.25Gy的总生物效应。射线以5只大鼠中间1只下颌下腺部位中心为中心，采用0°野照射。

（4）收集下颌下腺及全身大体器官组织：处死实验动物后，仰卧位，消毒，于颈部切开，完整剥离下颌下腺。将组织清洗后切为0.5cm×0.5cm大小的组织，置于4%多聚甲醛（pH 7.2）内4℃固定24~48h。组织经脱水浸蜡、包埋后切片，切片厚度为4μm，烤片，苏木精-伊红染色（HE染色）。

2. 实验结果　为了观察机体对硝酸盐的吸收情况，还测量了唾液腺组织中氮氧化合物（NO_x）的浓度。结果发现，放疗组呈下降趋势，耐瑞特组显著高于其他组（图4-2-2A）。通过对放疗后8周的组织石蜡包埋块进行HE染色发现，放疗组下颌下腺腺泡细胞细胞质内出现大量空泡。所有硝酸盐类药物治疗组腺泡细胞空泡面积均较放疗组减少。其中，耐瑞特组的空泡数量明显少于硝酸盐组（图 4-2-2B）。唾液腺的主要功能为分泌唾液，通过单次给予唾液腺 15Gy 剂量，于放疗前 1 周至放疗后 8 周对大鼠唾液量进行连续观察发现，放疗后 8 周，放疗组的大鼠唾液流率下降至放疗前的 50% 左右，而硝酸盐组及耐瑞特组均较放疗组有不同程度的改善，其中耐瑞特组最佳，其次是硝酸盐组（图 4-2-2C）。

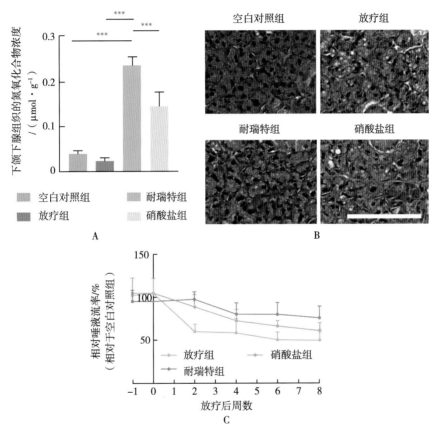

图 4-2-2　大鼠唾液腺放射损伤模型评价

A. 放疗后 8 周时下颌下腺 NO_x 的含量　B. 下颌下腺 HE 染色，比例尺 =100μm
C. 放疗前后不同时间点刺激性全唾液

（二）小鼠肝脏缺血再灌注模型评价实验

1. 实验方法

（1）分组：分为 4 组，$n=5$。对照组，未接受手术。缺血再灌注模型组，正常小鼠禁食 12h，麻醉下沿腹中线行开腹手术，造成局部缺血，1h 后缝合，6h 后处理实验动物，取材进行相关检测。肝脏缺血再灌注建模 + 耐瑞特组：正常小鼠给予 0.75mmol/kg 耐瑞特 5d，禁食 12h，麻醉下沿腹中线行开腹手术，造成局部缺血，1h 后缝合，6h 后处理实验动物，取材进行相关检测。肝脏缺血再灌注建模＋硝酸盐组：正常小鼠给予 0.75mmol/kg 硝酸钠 5d，禁食 12h，麻醉下沿腹中线行开腹手术，造成局部缺血，1h 后缝合，6h 后处理实验动物，取材进行相关检测。

（2）肝脏缺血再灌注损伤建模：腹膜注射麻醉小鼠，同时腹膜注射肝素防止血液凝固。沿腹正中线行开腹手术，充分暴露肝脏。在显微镜下用非创伤性血管夹完全夹住肝动脉和门静脉，导致肝左叶和中叶局部缺血。将小鼠用加热垫包裹，保持体温在 37℃。1h 后，取出非创伤性血管夹使得血流再灌注。缝合后 6h，取小鼠血浆和肝脏组织进行相关检测。

（3）肝组织样本采集：小鼠深度麻醉后，沿腹中线开腹，通过心脏插管经主动脉和肝动脉或通过门静脉向小鼠肝脏灌注生理盐水。分离肝脏，放置于生理盐水中。

2. 实验结果　为了探讨给予硝酸盐及耐瑞特在肝脏缺血再灌注中的作用，检测肝脏组织中 NO 的浓度。经耐瑞特和硝酸盐预处理的小鼠血浆及肝脏组织的 NO 水平显著高于缺血再灌注模型组，其中耐瑞特组显著高于硝酸盐组（图 4-2-3A）。

病理学分析显示，肝脏缺血再灌注造成肝脏出现明显的小管坏死、炎症细胞浸润等形态学改变，而耐瑞特和硝酸盐预处理可以减轻缺血再灌注损伤导致的肝脏病理学变化，耐瑞特可以更显著地改善缺血再灌注引发的肝脏损伤（图 4-2-3B）。

表示肝功能的血浆谷丙转氨酶、谷草转氨酶指标在缺血再灌注组显著高于对照组。提前 5d 给予硝酸盐或耐瑞特的小鼠，在经过肝脏缺血再灌注手术后，谷丙转氨酶、谷草转氨酶活力显著低于未饮用硝酸盐制剂组的小鼠（图 4-2-3C）。

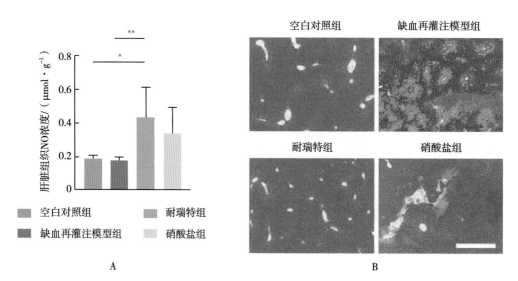

图 4-2-3　小鼠肝脏缺血再灌注模型评价

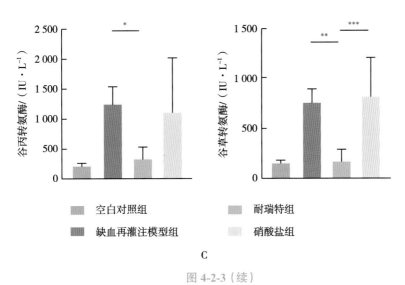

图 4-2-3（续）
A. 肝脏组织 NO 的含量　B. 肝组织 H&E 染色，比例尺 =200μm
C. 血浆谷丙转氨酶、谷草转氨酶水平

为了进一步研究其临床转化价值，团队同时测定了放射治疗的细胞状态和 mRNA 转录水平等等作为早期机制研究。从这两种动物模型的药效学评价的实验结果可以看出，耐瑞特在唾液腺辐射损伤和肝脏缺血再灌注动物模型中表现出显著的效果。

参考文献

[1] OMAR S A, ARTIME E, WEBB A J. A comparison of organic and inorganic nitrates/nitrites. Nitric Oxide, 2012, 26(4): 229-240.

[2] JONES A M, THOMPSON C, WYLIE L J, et al. Dietary nitrate and physical performance. Annu Rev Nutr, 2018, 38: 303-328.

[3] BONDONNO C P, BLEKKENHORST L C, LIU A H, et al. Vegetable-derived bioactive nitrate and cardiovascular health. Mol Aspects Med, 2018, 61: 83-91.

[4] PARKER J O. Nitrate tolerance. A problem during continuous nitrate administration. Eur J Clin Pharmacol, 1990, 38 Suppl 1: S21-25.

[5] BODE-BÖGER S M, KOJDA G. Organic nitrates in cardiovascular disease. Cell Mol Biol (Noisy-le-grand), 2005, 51(3): 307-320.

[6] FENG X Y, WU Z F, XU J J, et al. Dietary nitrate supplementation prevents radiotherapy-induced xerostomia. Elife, 2021, 10: e70710.

[7] Li S Q, An W, Wang B, Li J, et al. Inorganic nitrate alleviates irradiation-induced salivary gland damage by inhibiting pyroptosis. Free Radic Biol Med, 2021, 175: 130-140.

[8] Li S R, JIN H, SUN G Y, et al. Dietary inorganic nitrate protects hepatic ischemia-reperfusion injury through NRF$_2$-mediated antioxidative stress. Front Pharmacol, 2021, 12: 634115.

[9] CHANG S M, HU L, XU Y P, et al. Inorganic nitrate alleviates total body irradiation-induced systemic

damage by decreasing reactive oxygen species levels. Int J Radiat Oncol Biol Phys, 2019, 103(4): 945-957.

[10] Wang W L, Hu L, Chang S M, et al. Total body irradiation-induced colon damage is prevented by nitrate-mediated suppression of oxidative stress and homeostasis of the gut microbiome. Nitric Oxide, 2020, 102: 1-11.

[11] KINA-TANADA M, SAKANASHI M, TANIMOTO A, et al. Long-term dietary nitrite and nitrate deficiency causes the metabolic syndrome, endothelial dysfunction and cardiovascular death in mice. Diabetologia, 2017, 60(6): 1138-1151.

[12] PARK J W, PIKNOVA B, HUANG P L, et al. Effect of blood nitrite and nitrate levels on murine platelet function. PLoS One 8, 2013, 8(2): e55699.

[13] WEITZBERG E, LUNDBERG J O. Novel aspects of dietary nitrate and human health. Annu Rev Nutr, 2013, 33: 129-159.

[14] BRYANT D H, BASHIR A, SINAI S, et al. Deep diversification of an AAV capsid protein by machine learning. Nat Biotechnol, 2021, 39(6): 691-696.

[15] MA Y. Identification of antimicrobial peptides from the human gut microbiome using deep learning. Nat Biotechnol, 2022, 40(6): 838-839.

[16] BOSTRÖM J. Transformers for future medicinal chemists. Nat Mach Intell, 2021, 3: 102-103.

[17] VAISHNAV E D, DE BOER C G, MOLINET J, et al. The evolution, evolvability and engineering of gene regulatory DNA. Nature, 2022, 603(7901): 455-463.

[18] SCHULTE-SASSE R, BUDACH S, HNISZ D, et al. Integration of multiomics data with graph convolutional networks to identify new cancer genes and their associated molecular mechanisms. Nat Mach Intell, 2021, 3: 513-526.

[19] EFSA PANEL ON FOOD ADDITIVES AND NUTRIENT SOURCES ADDED TO FOOD (ANS); MORTENSEN A, AGUILAR F, et al. Re-evaluation of sodium nitrate (E 251) and potassium nitrate (E 252) as food additives. EFSA J, 2017, 15(6): e04787.

[20] WANG X, ZHANG M, XING F, et al. Effect of a healing agent on the curing reaction kinetics and its mechanism in a self-healing system. Applied Sciences, 2018, 8(11): 2241.

[21] ZHANG X P, XU D, JIN X, et al. Nanocapsules of therapeutic proteins with enhanced stability and long blood circulation for hyperuricemia management. J Control Release, 2017, 255: 54-61.

[22] SURNAR B, KAMRAN M Z, SHAH A S, et al. Orally Administrable therapeutic synthetic nanoparticle for Zika virus. ACS Nano, 2019, 13(10): 11034-11048.

第三节　安全性评价

药物安全性评价是以问题为基础的综合评估（question-based review），以临床研究目的为基础的全面考察，即在对受试物充分认知的基础上，在充分依从我国药品注册管理办法、安全性评价相关技术指导原则以及相关规范，如药物非临床研究质量管理规范（good laboratory practice，GLP）、实验动物法规、生物安全法规等的基础上，紧扣创新药物研发的立项依据与目的，以此为导向，遵循具体问题具体分析的原则，综合考虑设计临床前的安全性评价，尽可能获得有意义的安全性评价数据，从安全性角度发掘或者评估创新药物的立项依据或否决依据，降低新药研发的风险和临床研究的风险。

对于化学药物，应根据受试物的结构特点、理化性质、同类化合物或上市药物的情况、药理药效特点、适应证、用药人群特点、试验目的等选择合适的试验方法，整体考虑设计适宜的方案。

针对耐瑞特临床前研究的安全性评价项目，需要考虑如下因素：申报项目、测试候选药物、适应证、给药方式、动物、分析物及试验方法。

依据受试物的结构特点、理化性质和药理药效特点，设计了如下安全性评价的实验项目。

1. 体外药代动力学试验

2. 体内药代动力学试验

2.1　大鼠单次给药药代动力学试验

2.2　大鼠 7 天重复给药药代动力学试验

2.3　大鼠尿液及粪便排泄试验

2.4　大鼠胆汁排泄试验

2.5　大鼠组织分布试验

2.6　比格犬单次给药药代动力学试验

2.7　比格犬 7 天重复给药药代动力学试验

3. 安全评价

3.1　大鼠最大耐受剂量及 14 天剂量范围确定试验

3.2　比格犬最大耐受剂量及 14 天剂量范围确定试验

3.3　大鼠 4 周给药 +4 周恢复毒性试验

3.4　比格犬 4 周给药 +4 周恢复毒理试验

3.5　大鼠功能观察组合试验

3.6　大鼠呼吸试验

3.7　比格犬心血管系统试验

3.8 hERG（human ether-a-go-go related gene）测试

3.9 细菌回复突变试验

3.10 中国仓鼠卵巢细胞外染色体畸变试验

3.11 体内微核试验

4.方案和报告准备

5.电子数据提交

注：此设计按照常规化药物设计，评价药物中的纳米制剂材料，后续将基于纳米特性需要追加评价和调整分析方法。

例一：比格犬 7 天重复给药药代动力学试验

遵循的原则		中国国家药品监督管理局和美国食品药品管理局指导原则
是否为 GLP		非 GLP
动物信息	种属	比格犬（有给药史）
	试验周期	8 天
	动物数	6 只，雌雄各半
	组数	1
	动物总数	6
配药与分析	配药	假设 1 次
	给药频率	每天 1 次
	给药方式	假定口服
	配药样品分析	待定
观察	笼旁观察	每天 2 次
	详细的临床观察	动物给药之前 1 次
	体重	动物给药之前 1 次
	摄食量	待定
样本采集	药代动力学样本采集	第 1 天和第 7 天 24h 内各采集 8 个点，第 4 天和第 5 天给药后 24h 采集
	药代动力学样本分析	共有 108 个样品，假设 1 个 LC-MS/MS 方法分析 1 个待测物
解剖和病理	解剖 / 组织保存	无剖检
报告和存档	报告	非 GLP 中文报告
	存档	5 年

例二：染色体畸变试验举例——中国仓鼠卵巢细胞体外染色体畸变试验

遵循的原则		中国国家药品监督管理局和美国食品药品管理局指导原则
是否为 GLP		GLP
试验系统信息	实验系统	中国仓鼠卵巢细胞
	试验周期	4 周
	代谢活化系统	大鼠肝脏匀浆，在培养基中的浓度为 1.5%
	溶剂 / 阳性对照物	在主实验中，在代谢活化或非代谢活化条件下设立平行溶剂 / 阳性对照
	方法	在代谢活化条件下，受试物与细胞作用 3h；在非代谢活化条件下，受试物与细胞作用 3h 和 20h。在 20~24h 后收获细胞。收获细胞前 2h，向培养基中加入秋水仙胺以累积中期相细胞
配药和分析	制剂	现配现用，至少 2 次
	给药频率	1 次
	制剂样品分析	主实验中 1 次
预实验	剂量组数	至少 8 个剂量
	细胞瓶数	每个剂量 1 瓶细胞
	评测指标	细胞毒性和受试物在培养基中的溶解度
主实验	实验内容	根据预实验结果，选择至少 3 个剂量，最高浓度主要取决于受试物对细胞的毒性和 / 或溶解度 1. 对于可溶性的无毒受试物，最高测试浓度一般为 0.5mg/mL 或 1mmol/L，取较低者 2. 对于可溶性的有细胞毒性的受试物，应根据细胞毒性大小确定最高浓度，一般毒性为 55% ± 5% 3. 对于难溶性的受试物，一般选择最小沉淀浓度为最高浓度 4. 染色体结构畸变，同时单独记录多倍体和核内复制等染色体数目畸变。在分析染色体畸变前，将所有载玻片标上盲码。每个剂量至少计数 300 个中期相细胞，以评估畸变细胞频率

第一阶段：临床前研究阶段。耐瑞特研究目前处于第一阶段。目前已完成基础研究及药物发现，即确定了药物靶点，找到了具有治疗潜力的新化合物，正在研究药物的药理作用，以及制剂的初步开发。进行临床试验前，必须提供试验药物的临床前研究数据，包括处方组成、制造工艺和质量检验结果，向国家药品监督管理局申请审批。

第二阶段：药物临床试验。获得批准以后再开展临床试验，即进入第二阶段。《药品注册管理办法》规定的临床试验范围是以药品上市注册为目的，为确定药物安全性与有效性在人体开展的药物研究。在临床试验分期上，按照药物研发阶段分为Ⅰ期～Ⅳ期和生物等效性试验；按照研究目的分为临床药理学研究、探索性临床试验、确证性临床试验和上市后研究。临床试验Ⅰ期是安全性试验，一般需要征集20～100名正常和健康的志愿者进行试验研究。试验的主要目的是提供该药物的安全性资料，包括该药物的安全剂量范围。同时，也要通过这一阶段的临床试验对药物在人体内吸收、分布、代谢和消除的规律以及人体对药物耐受程度的研究，确定药物的疗效及安全性，为制订给药方案提供依据，试验的规范程度直接关系到药物研发的成败。临床试验Ⅱ期是药物有效性试验，这一期的临床试验一般需要征集100～500名相关患者进行试验，主要目的是获得药物治疗有效性资料。临床试验Ⅲ期是扩大的有效性试验，通常需更大规模的临床和住院患者，可在多个医学中心进行，在医生的严格监控下，进一步获得该药物的有效性和副作用等资料，以及与其他药物的相互作用关系，所以临床试验Ⅲ期是整个临床试验中最主要的一步。

第三阶段：上市后监测。上市后将继续临床研究阶段开始的临床试验Ⅳ期，主要关注药物在大范围人群应用后的疗效和不良反应监测。

由于传统的药物治疗和放疗效果不佳，预后仍相当差，迫切需要寻找一种新的治疗策略或者联合治疗方案。目前，临床前研究结果表明，耐瑞特具有理想的成药性和安全性，已在2个模型上呈现显著的治疗效果，并且，国内相关研究还是空白。王松灵院士课题组的这些研究结果表明，在临床转化应用方面，耐瑞特可被开发成为辅助治疗的新药物，并在预防、治疗相关病症等方面发挥重要作用。

05

硝酸盐与稳态医学

　　硝酸盐在多种系统及器官中的有益作用已经得到广泛证实。这些证据提示，作为一种广泛存在于自然界的生物活性物质，硝酸盐与生物体的生命活动密不可分。生物体的活动遵循热力学第二定律，有自发向无序和熵增发展的趋势。为了维持系统内的有序和低熵状态，生物体会不断把环境中高熵状态的物质和能量转化为低熵状态加以利用，并把代谢废物排出体外。在这一过程中，生物体需要维持一个相对稳定的内部环境，即稳态。稳态是一种生物体自我调节的动态平衡过程，在不断变化的外部环境中，生物体通过这一过程保持机体内环境的相对稳定，以维持正常的生命活动，保证机体各系统具有良好的生理功能。同时，机体通过稳态调节，应对各种生理刺激及致病因素对机体的影响，适应瞬息万变的外界环境，从而更有利于生存。

稳态失衡在许多疾病发生发展的过程中扮演着重要的角色，因此恢复机体稳态是扭转疾病状态的关键手段。稳态医学将分子、细胞、器官及全身各个层面中的稳态调节整合到一起，通过研究疾病过程中稳态失衡的原因和表现，对稳态调节关键节点进行调节，从而改善器官功能，预防并治疗疾病。硝酸盐 - 亚硝酸盐 -NO 途径作为内源性 NO 途径的补充，对稳态的维持具有重要意义。与此同时，Sialin 和硝酸盐之间相互作用也会参与多种细胞稳态的调节进而对全身稳态做出贡献。因此，硝酸盐 -Sialin 环以及其稳态调节作用可能是未来研究稳态调节的一个重要的研究思路。

第一节　硝酸盐 -Sialin 系统与机体稳态的维持

NO 在机体多系统稳态的调控中发挥重要作用，硝酸盐可以通过硝酸盐 - 亚硝酸盐 -NO 途径调节机体 NO 从而发挥重要的生理作用以维持机体稳态。Sialin 作为硝酸盐转运通道，可以将硝酸盐转运至细胞及细胞器内进而介导一系列细胞生物学功能。因此，硝酸盐 -Sialin 系统是调控机体稳态的重要机制。

一、稳态调节的重要分子——NO

NO 在维持机体稳态方面发挥着关键的作用，是维持稳态的重要分子。作为信号分子，通过调节神经 - 内分泌和自主神经系统，NO 可以调节神经 - 体液系统的动态平衡。在体内失衡（如脱水、出血、应激）的情况下，NO 可以起到保护作用，重新建立适当的自主神经 - 体液平衡[1]。然而，在某些情况下 NO 可以表现出双重作用，例如 NO 可以通过抑制白细胞的募集从而抑制组织炎症，然而随着炎症进展，过量的 NO 会引起细胞的氧化应激从而进一步促进炎症。因此，维持体内 NO 的稳态有助于全身稳态的调节。人体可以通过一氧化氮合酶（NOS）内源性合成 NO，当内源性 NO 合成受损如内皮功能异常时，可以通过外源性 NO 途径即硝酸盐的摄入维持体内的 NO 稳态[2]（图 5-1-1）。

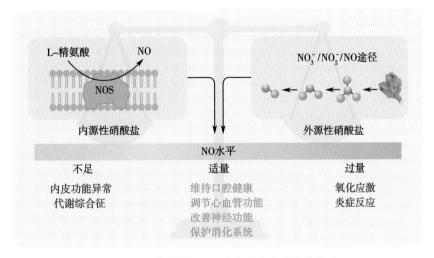

图 5-1-1　硝酸盐与 NO 稳态和全身稳态的关系

二、硝酸盐通过硝酸盐 - 亚硝酸盐 -NO 途径调节稳态

硝酸盐在摄入后在上消化道中被迅速吸收进入血液，其中约 25% 被唾液腺摄取并浓集于唾液中，再次分泌进入口腔，这一过程被称为唾液腺 - 肠循环[3]。唾液中的硝酸盐被寄居在口腔中的硝酸盐还原菌还原为亚硝酸盐，这些亚硝酸盐随吞咽再次进入胃肠道吸收入血进入体内，在血液及组织中被多种酶还原为 NO，这一过程被称为硝酸盐 - 亚硝酸盐 -NO 途径[4]。这些机制的存在有利于体内 NO 稳态的维持，并通过改善机体稳态进一步发挥有益的生理功能。例如，口服硝酸盐可以通过增加胃肠道血流及调节肠道菌群保护消化系统，通过影响脂肪代谢减轻肥胖，通过增加顺铂化疗敏感性辅助肿瘤治疗等。此外，硝酸盐可显著上调多种细胞信号通路的表达，包括 MAPK 信号通路、PI3K-AKT 信号通路、mTOR 和 Wnt 信号通路、谷胱甘肽代谢和细胞周期等，这些信号通路在细胞再生、细胞代谢和疾病进展中发挥重要作用[5]。

三、硝酸盐、Sialin、NO 相互作用维持机体稳态

Sialin 是哺乳动物细胞膜的硝酸盐转运通道，是硝酸盐发挥生理功能及维持 NO 稳态的关键蛋白。Sialin 在人类唾液腺中高表达，将硝酸盐转运入腺泡细胞，因此唾液腺功能是影响硝酸盐生理功能的重要因素之一[6]。硝酸盐还可以反过来调控唾液腺的功能，机体血液中的硝酸盐浓度升高通常伴有重要脏器的 Sialin 表达升高，高表达的 Sialin 进而引起一系列的细胞生物学功能变化。硝酸盐可上调间充质干细胞中 Sialin 的表达从而改善线粒体功能并降低衰老水平。Sialin 与硝酸盐相互促进的这一过程称为 Sialin- 硝酸盐环[7]。

口服硝酸盐可通过调节巨噬细胞 Sialin 的表达水平进而调控巨噬细胞 M1/M2 比例，在非酒精性脂肪肝中发挥预防作用。在去卵巢引起的口干症大鼠中，无机硝酸盐增加了唾液腺中水通道蛋白 AQP5 的表达量并提高唾液分泌量，并且有效减少了唾液腺组织的纤维化面积及腺泡细胞的减少。在小型猪的唾液腺放射损伤模型中，硝酸盐增加了腺泡细胞中 Sialin 的表达，从而进一步促进了硝酸盐进入细胞。这种正反馈循环进一步上调了 EGFR-AKT-MAPK 信号通路从而促进了腺泡和导管细胞的增殖，并减少细胞凋亡。硝酸盐 -Sialin 环通过调节唾液腺细胞的自噬功能从而减少放射过程中唾液腺腺泡细胞的损失。在线粒体失稳态状态下，硝酸盐被线粒体膜上的 Sialin 转运至线粒体内，进而减轻线粒体损伤并改善线粒体功能。在酒精性及非酒精性脂肪肝中，硝酸盐可调节抗炎型

巨噬细胞和促炎型巨噬细胞的平衡进而改善肝脏脂肪变性。由此可见，Sialin 和硝酸盐具有相互作用，这种相互作用可能有利于硝酸盐对 NO 稳态的调节从而改善机体的稳态（图 5-1-2）。因此，硝酸盐 -Sialin 环以及硝酸盐对 NO 稳态的调节作用可能是未来研究稳态调节的一个重要研究思路，具有很高的研究价值。

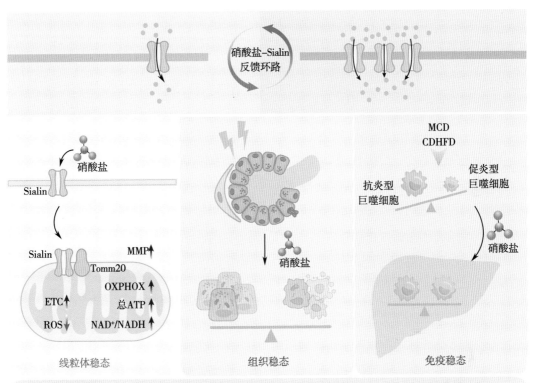

MMP：线粒体膜电位，Tomm20：线粒体外膜蛋白20，ETC：线粒体电子传递链，OXPHOX：氧化磷酸化，MCD：蛋氨酸-胆碱缺乏饮食（非酒精性脂肪肝动物模型），CDHFD：缺乏胆碱的高脂肪饮食（脂肪肝和代谢综合征动物模型）

图 5-1-2　硝酸盐 -Sialin 环及其稳态调节作用

参考文献

[1] KRUKOFF T L. Central actions of nitric oxide in regulation of autonomic functions. Brain Res Brain Res Rev, 1999, 30(1): 52-65.

[2] KAPIL V, KHAMBATA R S, JONES D A, et al. The Noncanonical pathway for in vivo nitric oxide generation: the nitrate-nitrite-nitric oxide pathway. Pharmacol Rev, 2020, 72(3): 692-766.

[3] DUNCAN C, DOUGALL H, JOHNSTON P, et al. Chemical generation of nitric oxide in the mouth from the enterosalivary circulation of dietary nitrate. Nat Med, 1995, 1(6): 546-551.

[4] LUNDBERG J O, WEITZBERG E, GLADWIN M T. The nitrate-nitrite-nitric oxide pathway in physiology and therapeutics. Nat Rev Drug Discov, 2008, 7(2): 156-167.

[5] WANG S L, QIN L Z. Homeostatic medicine: a strategy for exploring health and disease. Curr Med (Cham), 2022, 1(1): 16.

[6] QIN L Z, LIU X B, SUN Q F, et al. Sialin (SLC17A5) functions as a nitrate transporter in the plasma membrane. Proc Natl Acad Sci U S A, 2012, 109(33): 13434-13439.

[7] FENG X Y, WU Z F, XU J J, et al. Dietary nitrate supplementation prevents radiotherapy-induced xerostomia. Elife, 2021, 10: e70710.

第二节　机体稳态与稳态医学

　　稳态是指生物体内环境的相对稳定，是维持正常的生命活动以及发挥机体各系统的生理功能的前提。稳态调节是自我调节的动态平衡过程，通过稳态调节，机体得以应对各种生理刺激及致病因素的影响。一旦稳态平衡及其调节功能被破坏，机体将出现一系列功能、结构、代谢的变化和异常，最终引起疾病症状。

　　稳态医学旨在研究稳态在健康和疾病中的作用，探索机体分子、细胞、器官、系统等多层次的稳态平衡规律及调控策略，力求达到维持健康并诊治疾病的目的。与常规对症治疗相比，稳态医学更加针对疾病根源，注重对稳态破坏的对因治疗及动态重建各系统平衡为重点的新体系，以新视角来认识健康和诊疗疾病。

一、稳态的历史及中医稳态

（一）稳态理论的发展历史

　　稳态理论的发展经历了一个辩证的过程，最初的平衡理论可以追溯至公元前460年，希波克拉底首先提出了四体液学说以描述人体的平衡状态，他将人体的体液分为四种，即胆液质、血液质、黏液质和黑胆质，这四种体液在体内不断产生又被不断消耗，保持着一定的平衡状态，对健康和疾病的调节具有重要作用。尽管以现代医学的眼光分析，四体液学说存在诸多局限性，但这并不影响其对现代西方医学的启迪以及奠基作用。希波克拉底进一步提出身体具有自愈的能力，而医生的职责就是扫清障碍从而使机体回归自然的状态。这一观点至今仍被广泛认可，正因如此，希波克拉底也被誉为"西方医学之父"。

　　随着对身体机能的不断探索，人们对身体的稳态调节有了更多的认识。法国生理学家克劳德·伯纳德（Claude Bernard，1813—1878）提出生命系统具有内部稳定性，这种稳定性的存在可以缓冲和保护机体免受不断变化的外部环境的影响，即内环境稳态学说。他把人体想象为内环境中体液与细胞的集合，认为内环境的稳定与相对独立是机体存活的必要前提。然而，伯纳德的理论较为激进，他认为机体的内环境是一成不变的，并且与外部环境的变化无关[1]。

　　在克劳德·伯纳德的内环境稳态学说的基础上，美国医学家沃尔特·布拉德福·坎农（Walter Bradford Cannon，1871—1945）进行了进一步的完善，即引入了动态平衡这一概念。动态平衡描述的是生物系统在适应不断变化的环境条件的同时保持稳定的自我调节过程。他在《躯体的智慧》一书中解释道，动态平衡需要同时满足两个条件，即在一定范围内的内部稳定性以及维持这种内部稳定性的调节能力。坎农的动态平衡理论被现代医学认可，为机体稳态研究方向提供了坚实的理论基础[2]。

（二）中医的稳态调节

　　与西医稳态的概念类似，中国传统医学始终追求阴阳平衡理论，《黄帝内经》最早提出阴平阳秘、以平为期。阴平阳秘寓意为阴与阳相互对抗、相互制约，最终阴阳调和，取得阴阳之间相对的动态平衡。以平为期讲求保持阴阳平衡的重要性，认为疾病中恢复平衡比去除病因更为重要，且应当避免过度治疗以免打破阴阳平衡。可以见得，尽管东西方医学存在着巨大差异，但二者对于稳态调节在健康与疾病中的作用的认知是趋同的[3]。

二、稳态调节的机制

（一）反馈调节

　　反馈调节机制是稳态调节中最主要的调节系统，反馈系统通常由四个主要部分构成：①要控制的变量；②用以探测变量的感受器；③将感受器检测到的信号反馈到系统中并将检测值与规定值进行比较的比较器或中央处理单元；④用以调节所需控制变量的效应器。这些部分构成一个反馈信号的闭环。在负反馈过程中，效应器的活动与变量的变化相反，从而对变量的变化进行缓冲。在正反馈过程中，效应器的活动与变量的变化相同，进而放大某一控制信号达到快速改变机体状态的效果。值得一提的是，这四个部分只是反馈系统中的必要组成部分，生物体中的反馈系统更加复杂，而且可能涉及多个反馈通路的叠加和嵌套[4]。

以血压的调节为例，通常情况下，通过反馈调节，人体的血压会维持在一个相对稳定的范围内。这个稳态系统中的感受器是位于主动脉弓和颈动脉窦中的压力感受器，这些感受器会对动脉压的变化做出反应。大脑延髓中的孤束核对压力感受器反馈的信号进行处理，随后通过调节交感神经和副交感神经的活动作用于位于血管和心脏的效应器。血压升高时，压力感受器被激活，孤束核的调节作用使交感神经活动减少，血管直径增加，此外副交感神经活动增加并降低心率和每搏输出量从而使血压降低。相反，当血压低于平衡值时，则会发生相反的调节作用。这种负反馈调节可以有效缓冲血压的变化。因此，尽管环境或行为条件发生了变化，人体的血压也会在一天中保持相对稳定。

（二）前馈调节

前馈调节是稳态调节的另一个重要机制，指的是在变量发生实际变化前对即将发生的改变进行评估并提前进行调整。这就涉及稳态系统中的多级调节，其中效应器属于该系统中的第一个级别，主要负责接收更高级别的调控信号并对变量进行调节。反馈调节属于第二个级别，又称自主调节，对于感受器检测的信号进行处理并启动对第一级别的调整。第三个级别位于中枢神经系统，负责处理从第二级传输的信息，对环境的变化信息进行整合，以协调多种反馈系统的生理行为。这种控制可以是无意识的调控，在特定条件下也可以由主观意识调节[5]。同样以血压调节为例，面临危险或挑战时，在中枢神经系统的调节下，心输出率及血压会提高以应对即将发生的环境变化，这种调节属于无意识的调控。而当气温降低时，人们会主动添加衣物以保持体温，这种调节则是在意识的干预下完成的。

三、稳态医学的概念

（一）稳态医学的定义

稳态医学（homeostatic medicine）是研究人体分子、细胞、组织、器官及全身稳态平衡的科学，是以维持稳态平衡为立足点以维护人体健康，预防和诊疗疾病的综合性学科。稳态医学从分子、细胞、组织、器官、全身及外界环境等多个层面对稳态调节的规律和机制进行系统性研究，总结出一系列方法及策略以指导临床治疗，着重于恢复稳态的平衡从而消除疾病的病因，通过恢复稳态达到治疗或缓解疾病状态的目的（图5-2-1）。

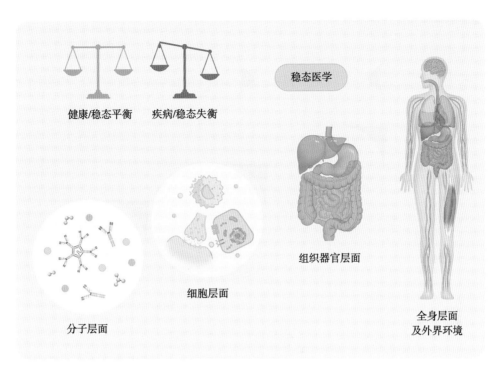

稳态医学

健康/稳态平衡　　疾病/稳态失衡

组织器官层面

细胞层面

分子层面

全身层面
及外界环境

图 5-2-1　稳态医学的内容

（二）稳态医学的组成

稳态医学由三个主要要素构成。首先，对稳态调节机制以及稳态调节在维持健康中的作用进行深入了解。其次，对疾病过程中引起稳态失衡的原因以及干预因素进行分析。最后，将前两个步骤中得到的信息整合到一起，通过合理的干预措施将失衡的稳态恢复至平衡状态，从而达到维持健康和治疗疾病的目标。基于稳态在健康和疾病中的关键作用，稳态医学可应用于各种疾病环境中，具有较为广泛的潜在应用前景。

四、稳态医学在机体各系统中的作用

（一）稳态医学与肿瘤的进展与治疗

1. 稳态失衡与肿瘤进展　肿瘤进展与稳态失调密切相关。原癌基因是一组在细胞增殖和分化中具有重要作用的基因。通常情况下，原癌基因受到另一组基因即抑癌基因的严格调控，二者的动态平衡有利于维持机体细胞数量和正常生理功能。然而，在某些刺激因素下，基因突变使原癌基因与抑癌基因的平衡被打破，原癌基因过度表达引起细胞异常增殖进而形成肿瘤。细胞凋亡是一种程序性细胞死亡程序，在胚胎发育和组织细胞动态平衡的生理过程中发挥关键作用。凋亡的稳态调节在肿瘤的发展过程中具有双重作用。一方面，细胞凋亡可以通过识别和控制肿瘤细胞程序性死亡从而抑制肿瘤进展；而另一方面，细胞凋亡还可以通过刺激肿瘤微环境中的修复和再生反应来促进肿瘤的进展。因此，单纯的促进或抑制细胞凋亡并不能利于肿瘤的治疗[6]。除此之外，氧化还原稳态也参与肿瘤的进展。活性氧（ROS）在肿瘤中发挥双重作用，适当浓度的ROS会刺激肿瘤形成并支持其发展，而过高浓度的ROS会导致肿瘤细胞氧化应激性死亡。在这种情况下，肿瘤组织中的稳态调节有利于促进肿瘤的发展。因此，破坏肿瘤组织中的氧化还原稳态诱导肿瘤细胞死亡也是治疗肿瘤的思路之一。此外，肿瘤组织中还存在其他类型的稳态机制，如免疫炎症信号的稳态、能量代谢的稳态以及电信号的稳态等[7]。

2. 稳态医学与肿瘤治疗　目前癌症治疗的方式主要是手术、放疗、化疗以及免疫治疗，目的是通过减小肿瘤体积和阻断其侵袭性来诱导肿瘤细胞死亡。稳态调节是肿瘤发展与治疗中的重要一环，因此，调节肿瘤微环境中的稳态可能是一种可行的治疗方法。稳态医学将稳态调节与肿瘤治疗相结合，通过恢复正常组织的稳态提高肿瘤抗性或者破坏肿瘤组织稳态抑制其生长，进而提高肿瘤的治疗效果并降低副作用，起到事半功倍的效果。促氧化剂和抗氧化剂在肿瘤中的应用是一个很好的例子。在肿瘤的早期，氧化还原稳态被破坏，氧化应激会促进肿瘤进展，在此阶段，抗氧化剂的应用将有助于抑制肿瘤[8]。而在肿瘤的后期，为了应对氧化应激引起的肿瘤细胞死亡，肿瘤组织抗氧化应激能力增强，促氧化剂可破坏肿瘤组织的氧化还原稳态从而杀伤肿瘤细胞[9]。因此，根据肿瘤所处的阶段，对其稳态进行针对性的调节可能是一种更加高效的方案。无机硝酸盐可以通过降低Redd1的表达提高口腔鳞癌对化疗的敏感性，这种调节作用可能与改善缺氧的肿瘤组织中的NO稳态有关[10]。对于肿瘤放射治疗的副作用，无机硝酸盐也表现出了良好的保护作用。一方面，无机硝酸盐可以有效缓解大鼠放射损伤后的唾液腺功能降低。另一方面，硝酸盐还可以通过调节肠道菌群的稳态平衡缓解全身放射后大鼠的结肠炎[11]。这表明，无机硝酸盐有望提高肿瘤患者放疗的术后生存质量。不止于此，即使在较低剂量的放射刺激下，如CBCT后也体现出了无机硝酸盐对放射损伤引起的氧化应激的抑制作用[12]。此外，是否需要将清除机体内全部肿瘤作为唯一的治疗目的也有待商榷，即使肿瘤存在于机体中，通过治疗把肿瘤控制在不生长的状态，使机体处于稳态平衡状态，也应该是治疗目标之一。否则，消除所有肿瘤采用的治疗对机体正常形态和功能产生的负面影响不利于人体健康，反而明显降低了生存质量，甚至加快了寿命的终结。

（二）稳态医学与心血管疾病

1.稳态失衡与心血管疾病进展　稳态调节在心血管系统的健康与疾病中发挥着关键的作用。血管壁的细胞对机械环境的变化非常敏感。在健康的血管中，动态平衡从多个层面通过负反馈循环调节和维持机械生物学稳定性。而心血管疾病的进展通常与机械生物学平衡的过调节或不稳定性的正反馈有关 [13]。简而言之，心血管系统会通过功能及结构的改变以适应各种身体内部及外部环境的变化。例如，心输出量的持续增加会导致中央动脉扩张，从而减少血流阻力，从而减轻心脏的工作负荷。或者，当组织生长活跃或局部代谢活动增加时，该部位血管的生成信号被激活，从而增加局部血液供应以满足需求，这种调节作用有利于维持机体的稳态。然而，长时间的血管收缩或血管扩张会引起血管几何形状的改变，血管过度扩张、变薄将导致动脉瘤及动脉破裂。为增强血管应力强度，血管纤维化程度增加，过度纤维化将导致血管弹性降低、管腔缩窄，引起动脉粥样硬化及高血压从而进一步增加心血管系统的负荷。这种异常的正反馈和组织重塑是心血管疾病的致病机制之一 [14]。

2.稳态医学与心血管疾病的治疗　目前心血管疾病的治疗主要以改善患者的症状为主，例如通过使用利尿剂降低血容量，通过抑制肾素 - 血管紧张素途径及钙通道来限制血管收缩，或通过使用他汀类药物抑制胆固醇的合成从而缓解动脉粥样硬化等。虽然这些治疗方式在临床上已经得到了广泛使用并且得到了一定的疗效，但是许多药物会引起副作用从而影响其疗效。有机硝酸盐是常用的降血压药物，作为 NO 供体调节血管内皮功能，舒张血管平滑肌等发挥降压作用。然而，长时间使用有机硝酸盐会导致药效下降，还可能导致内皮功能障碍并增加长期心血管风险 [15]。

理想的稳态医学治疗模式应当综合考虑血管生物力学、细胞信号转导、免疫生物学等方面的稳态调节机制，识别和阻断疾病过程的治疗靶点，而不破坏体内平衡过程，通过恢复机体的稳态从而改善疾病状态。无机硝酸盐可以通过硝酸盐 - 亚硝酸盐 - 一氧化氮途径维持体内一氧化氮的稳态，在多种心血管疾病中表现出有益作用。在使用无机硝酸盐 1 年后仍观察到较为明显的降压作用，证明无机硝酸盐不会产生像有机硝酸盐那样的耐药作用。而且，无机硝酸盐的使用也没有引起晕厥或体位性低血压等不良反应。通过肠唾液循环，无机硝酸盐可以在体内长时间维持一个稳定的浓度，并通过硝酸盐 - 亚硝酸盐 - 一氧化氮途径持续提供一氧化氮。无机硝酸盐在降血压作用的优势可能与这些机制有关。此外，与健康的志愿者相比，无机硝酸盐在内皮功能受损的高血压患者中观察到更明显的降压效果，表明无机硝酸盐有助于改善内皮功能稳态的紊乱 [16]。

（三）稳态医学与代谢性疾病

1. 稳态失衡与代谢性疾病进展　机体的能量平衡调节主要由中枢神经系统调控，包括位于下丘脑的神经内分泌中枢和位于下脑干的孤束核。一方面，这些神经内分泌中枢通过释放促甲状腺激素释放激素和促肾上腺皮质激素释放激素对新陈代谢进行生理控制。另一方面，5-羟色胺还可以对这些神经中枢进行调节从而调节进食。5-羟色胺缺乏会导致食欲亢进和肥胖，而中枢5-羟色胺升高会导致厌食症和能量摄入减少[17]。此外，中枢神经和外周神经递质的相互作用也是能量代谢稳态的重要组成部分。这些外周神经递质包括瘦素、胃饥饿素、胰岛素和胆囊收缩素等。瘦素主要由脂肪细胞分泌，其分泌量与脂肪的量成正相关。胰岛素由胰腺β细胞分泌，对血糖升高做出反应，促进葡萄糖消耗和储存，从而降低血糖。这类激素分泌增加通常代表着机体能量储备过剩，因此这些激素的分泌增加还会通过调节神经-内分泌系统从而降低食欲。与之相对应，胃饥饿素主要由胃产生，在饥饿时分泌增加从而增强食欲[18]。

肥胖是一种以体内脂肪的过度累积为表现的代谢性疾病，并与多种疾病的患病率增加有关。作为一种由多因素控制的疾病，肥胖可以由多种调节机制影响，包括遗传学因素、病毒感染、胰岛素抵抗、炎症、肠道微生物群、昼夜节律以及激素调节等。总而言之，机体的代谢稳态失调是引起肥胖最主要的原因。通常情况下，人体的觅食行为是动态平衡的，即能量储备降低时进食的欲望增加，从而摄入满足生理需求所需要的食物。而长期的暴饮暴食会改变饮食奖赏中枢对多巴胺的敏感性，因此在能量储备充足的情况下，也会摄入超出能量平衡的食物，从而进一步促进肥胖的进展[19]。

胰岛素抵抗是指患者对胰岛素的敏感性降低，肝、骨骼肌、脂肪等组织细胞受胰岛素介导的葡萄糖摄取和利用效能降低的一种病理状态。在感染、应激或损伤引起的炎症状态下，肿瘤坏死因子使脂肪和骨骼肌对胰岛素的敏感性降低，从而将能量更多地集中于免疫系统。此外，在炎症过程中，胰腺β细胞中葡萄糖转运体2（GLUT2）和葡萄糖激酶的表达被抑制，致使机体对血糖水平的敏感性降低，胰岛素产生量下降。上述调节作用降低了组织对胰岛素的敏感性以及机体对血糖敏感性的平衡值，长期的平衡值改变将引起不可逆的胰岛素效力下降以及机体对血糖升高的敏感性降低，最终导致胰岛素抵抗。因此，稳态调节是改善代谢性疾病的关键步骤[20]。

2. 稳态医学与代谢性疾病的治疗　稳态医学通过了解代谢性疾病中稳态失衡的机制，以消除能量摄取与代谢间的不平衡和矫正偏移的平衡值为目标最终达到改善代谢性疾病的目的。无机硝酸盐具有改善代谢性疾病的作用，其有益作用可能与促进硝酸盐-

亚硝酸盐 - 一氧化氮平衡从而维持一氧化氮稳态和调节微生物稳态有关。在一氧化氮合成受损的 eNOS 缺乏的小鼠中，无机硝酸盐降低了小鼠的体脂并改善其葡萄糖稳态。肝脏的衰老及代谢功能失衡也是代谢性疾病的重要病因，每日摄入硝酸盐可有效恢复 D-半乳糖导致的衰老小鼠和自然衰老小鼠的肝脏代谢能力，防止肝组织细胞衰老及糖脂代谢功能退化[21]。不仅如此，通过激活硝酸盐 - 亚硝酸盐 - 一氧化氮途径，无机硝酸盐可以促进白色脂肪组织向棕色脂肪组织转化。此外，无机硝酸盐还可以通过激活一氧化氮途径和调节肠道微生物群，减轻高脂饮食诱导的小鼠肥胖，并改善糖脂代谢紊乱[22]。

（四）稳态医学与免疫及感染性疾病

生物体时刻处于一个充满挑战的外界环境中，免疫系统是机体抵御外界有害刺激以及抗原的最主要防线。此外，免疫系统还通过免疫监视、感知新陈代谢变化和控制外界刺激因素引起的炎症来维持体内平衡。免疫系统可分为先天免疫和获得性免疫。这些免疫系统不是独立起作用的，而是通过多种细胞免疫和体液免疫活动相互作用，最终实现机体免疫的动态平衡。免疫稳态的紊乱与疾病密切相关，疾病的发展是免疫调节失败的结果[23]。

免疫系统应答不足，如人类免疫缺陷病毒（HIV）会特异性攻击人体 $CD4^+T$ 细胞从而使机体丧失免疫功能，最终导致多种感染性疾病和肿瘤性疾病以致全身衰竭而亡。免疫应答的程度过强或者异常应答会引起过敏性反应或自身免疫性疾病。由此可见，恢复免疫系统的稳态才是治疗免疫系统疾病的关键。B 细胞过度激活是多种自身免疫病如系统性红斑狼疮、舍格伦综合征、类风湿关节炎的重要发病机制之一。这种过度激活与调控 B 细胞的相关信号紊乱有关，通过抑制 B 细胞活化因子（BAFF）、缺氧诱导因子 -1α（HIF-1α）、肿瘤坏死因子受体相关因子 3（TRAF3），有助于 B 细胞代谢活性的逆转，导致自身反应性 B 细胞活性减弱，从而减轻自身免疫症状[24]。

膳食硝酸盐预处理可以通过硝酸盐 - 亚硝酸盐 -NO 途径向血管系统输送 NO，减少白细胞对急性趋化因子诱导的炎症反应[25]。在动脉粥样硬化易感小鼠中，硝酸盐的摄入挽救了 NO 稳态，通过抑制中性粒细胞活化，上调白细胞介素 -10 依赖性抗炎途径抑制急性和慢性炎症，导致生物可利用内皮源性 NO 减少，相关的动脉粥样硬化斑块中巨噬细胞含量降低及炎症状态减轻，发挥了良好的抗炎作用[26]。在缺血再灌注引起的肝脏氧化应激损伤中，硝酸盐的摄入增加了血浆和肝脏 NO 水平，上调核转录因子红系 2 相关因子 2（Nrf 2），并增加抗氧化酶的活性以调节肝脏氧化应激[27]。此外，人体中微生物的稳态在感染性疾病以及炎症过程中同样具有重要的调节作用。硝酸盐作为一种 NO 的供体，具有一定的抑制致病菌的作用。无机硝酸盐可以通过调节肠道菌群的稳态，缓解葡聚糖硫酸钠诱导的肠炎，并改善结肠的长度，维持小鼠的体重[28]。

五、稳态医学的未来与展望

稳态调节在不同系统的健康与疾病中均发挥着重要的作用。正常的稳态调节能力是维持机体健康的基础，稳态调节失衡将引起机体功能紊乱，最终引起疾病。因此，恢复机体稳态是扭转疾病状态的关键手段。稳态医学将分子、细胞、器官及全身各个层面中的稳态调节整合到一起，了解稳态在健康与疾病状态下的调节机制，通过合理的干预将失衡的稳态恢复至平衡状态从而达到维持健康和治疗疾病的目标。稳态医学是建立在以往医学基础上的一个新的医学体系，有望为医学研究和疾病治疗提供一条全新的思路和策略，具有广阔的发展前景。

参考文献

[1] GROSS C G. Three before their time: neuroscientists whose ideas were ignored by their contemporaries. Exp Brain Res, 2009, 192(3): 321-334.

[2] COOPER S J. From Claude Bernard to Walter Cannon. Emergence of the concept of homeostasis. Appetite, 2008, 51(3): 419-427.

[3] MAIESE K. Cellular balance, genes, and the Huang Ti Nei Ching Su Wen. Curr Neurovasc Res, 2006, 3(4): 247-248.

[4] GOLDSTEIN D S, KOPIN I J. Homeostatic systems, biocybernetics, and autonomic neuroscience. Auton Neurosci, 2017, 208: 15-28.

[5] GOODMAN L. Regulation and control in physiological systems: 1960-1980. Ann Biomed Eng, 1980, 8(4-6): 281-290.

[6] MORANA O, WOOD W, GREGORY C D. The apoptosis paradox in cancer. Int J Mol Sci, 2022, 23(3): 1328.

[7] SHETH M, ESFANDIARI L. Bioelectric dysregulation in cancer initiation, promotion, and progression. Front Oncol, 2022, 12: 846917.

[8] PANIERI E, SANTORO M M. ROS homeostasis and metabolism: a dangerous liason in cancer cells. Cell Death Dis, 2016, 7(6): e2253.

[9] CONKLIN K A. Chemotherapy-associated oxidative stress: impact on chemotherapeutic effectiveness. Integr Cancer Ther, 2004, 3(4): 294-300.

[10] FENG Y Y, CAO X D, ZHAO B, et al. Nitrate increases cisplatin chemosensitivity of oral squamous cell carcinoma via REDD1/AKT signaling pathway. Sci China Life Sci, 2021, 64(11): 1814-1828.

[11] WNAG W L, HU L, CHANG S M, et al. Total body irradiation-induced colon damage is prevented by nitrate-mediated suppression of oxidative stress and homeostasis of the gut microbiome. Nitric Oxide,

2020, 102: 1-11.

[12] CHANG S M, HU L, XU Y P, et al. Inorganic nitrate alleviates total body irradiation-induced systemic damage by decreasing reactive oxygen species levels. Int J Radiat Oncol Biol Phys, 2019, 103(4): 945-957.

[13] HUMPHREY J D, SCHWARTZ M A. Vascular mechanobiology: homeostasis, adaptation, and disease. Annu Rev Biomed Eng, 2021, 23: 1-27.

[14] TAKEBE T, IMAI R, ONO S. The current status of drug discovery and development as originated in United States Academia: the influence of industrial and academic collaboration on drug discovery and development. Clin Transl Sci, 2018, 11(6): 597-606.

[15] TARKIN J M, KASKI J C. Vasodilator therapy: nitrates and nicorandil. Cardiovasc Drugs Ther, 2016, 30（4）: 367-378.

[16] KAPIL V, KHAMBATA R S, ROBERTSON A, et al. Dietary nitrate provides sustained blood pressure lowering in hypertensive patients: a randomized, phase 2, double-blind, placebo-controlled study. Hypertension, 2015, 65(2): 320-327.

[17] KOLIAKI C, LIATIS S, DALAMAGA M, et al. The implication of gut hormones in the regulation of energy homeostasis and their role in the pathophysiology of obesity. Curr Obes Rep, 2020, 9(3): 255-271.

[18] MAKRIS M C, ALEXANDROU A, PAPATSOUSTSOS E G, et al. Ghrelin and obesity: identifying gaps and dispelling myths. A reappraisal. In Vivo, 2017, 31(6): 1047-1050.

[19] KESSLER R M, HUTSON P H, HERMAN B K, et al. The neurobiological basis of binge-eating disorder. Neurosci Biobehav Rev, 2016, 63: 223-238.

[20] KOTAS M E, MEDZHITOV R. Homeostasis, inflammation, and disease susceptibility. Cell, 2015, 160(5): 816-827.

[21] WANG H F, HU L, LI L, et al. Inorganic nitrate alleviates the senescence-related decline in liver function. Sci China Life Sci, 2018, 61(1): 24-34.

[22] MA L S, HU L, JIN L Y, et al. Rebalancing glucolipid metabolism and gut microbiome dysbiosis by nitrate-dependent alleviation of high-fat diet-induced obesity. BMJ Open Diabetes Res Care, 2020, 8(1): e001255.

[23] KENNEDY M A. A brief review of the basics of immunology: the innate and adaptive response. Vet Clin North Am Small Anim Pract, 2010, 40(3): 369-379.

[24] MUBARIKI R, VADASZ Z. The role of B cell metabolism in autoimmune diseases. Autoimmun Rev, 2022, 21(7): 103116.

[25] JÄDERT C, PETERSSON J, MASSENA S, et al. Decreased leukocyte recruitment by inorganic nitrate and nitrite in microvascular inflammation and NSAID-induced intestinal injury. Free Radic Biol Med, 2012, 52(3): 683-692.

[26] KHAMBATA R S, GHOSH S M, RATHOD K S, et al. Antiinflammatory actions of inorganic nitrate stabilize the atherosclerotic plaque. Proc Natl Acad Sci U S A, 2017, 114(4): E550-E559.

[27] LI S R, JIN H, SUN G Y, et al. Dietary inorganic nitrate protects hepatic ischemia-reperfusion injury through NRF$_2$-mediated antioxidative stress. Front Pharmacol, 2021, 12: 634115.

[28] HU L, JIN L Y, XIA D S, et al. Nitrate ameliorates dextran sodium sulfate-induced colitis by regulating the homeostasis of the intestinal microbiota. Free Radic Biol Med, 2020, 152: 609-621.